MANUEL PRATIQUE

DES

MACHINES AGRICOLES

ET

CONSTRUCTIONS RURALES

ÉMILE COLIN — IMPRIMERIE DE LAGNY

PETITE ENCYCLOPÉDIE D'AGRICULTURE
Publiée sous la direction de M. A. Larbalétrier
TOME VI

MANUEL PRATIQUE
DES
MACHINES AGRICOLES
ET
CONSTRUCTIONS RURALES

PAR

V. Georges MÉNUL
Ingénieur-Mécanicien

Ouvrage illustré de 112 gravures

PARIS
LIBRAIRIE BERNARD TIGNOL
PUBLICATIONS DE LA
Librairie de l'École Centrale des Arts et Manufactures
53 *bis*, QUAI DES GRANDS-AUGUSTINS, 53 *bis*

MANUEL PRATIQUE

DES

MACHINES AGRICOLES

ET

CONSTRUCTIONS RURALES

PREMIÈRE PARTIE

MACHINES AGRICOLES

I. — Instruments d'extérieur de ferme.

CHAPITRE PREMIER

CHARRUES

Les labours. — Le labour constitue sans aucun doute l'opération culturale la plus importante. Le but qu'il poursuit est d'ailleurs multiple :

1° Ameublir et diviser la terre végétale, pour permettre aux racines de s'y développer ;

2° Aérer le sol, afin de faciliter la décomposition des engrais ;

3° Permettre à l'humidité d'imprégner la couche arable ;

4° Enfouir les matières fertilisantes ;

5° Détruire les mauvaises herbes;

6° Parfois aussi recouvrir quelques semences.

La profondeur des labours, d'après M. G. Heuzé, varie suivant :

1° L'épaisseur de la terre végétale;

2° La nature du sous-sol;

3° La quantité d'engrais qu'on veut appliquer;

4° La longueur des racines des plantes qu'on doit cultiver.

A ce dernier point de vue, on distingue :

Les labours de *défoncement*, qui atteignent 35, 40 et 45 centimètres de profondeur et parfois davantage;

Les labours *profonds*, de 20 à 25 centimètres;

Les labours *ordinaires*, de 15 à 18 centimètres;

Les labours *superficiels*, de 8 à 10 centimètres.

Exécution des labours. — Les labours sont exécutés à bras, c'est-à-dire avec la bêche, la fourche ou la houe à crochets; ces labours sont *intermittents*, et relèvent plutôt du jardinage et de la grande et petite culture. Toutefois, le labour à la bêche surtout est de beaucoup le plus parfait, mais il est très lent; en grande culture on pratique cette opération avec la charrue, dont le travail est *continu*.

Un bon labour doit exposer à l'air la plus grande surface possible. Ce résultat est obtenu en réglant la charrue de manière à incliner la bande de terre sous un angle de 45°. Pour y parvenir, il faut adopter une profondeur qui soit à la largeur comme 1 est à 1,42, ou à peu près comme 2 est à 3.

Les labours peuvent être exécutés de diverses façons :

1° *Les labours en billons*, dans lesquels le terrain est disposé en planches très étroites et bombées. On laboure en billons dans les terres très humides.

2° *Les labours en planches*, qui consistent à diviser la

surface du champ en parcelles ou planches régulières, séparées par un double trait de charrue qui creuse une rigole ou dérayure, servant à l'écoulement des eaux.

3° *Les labours à plat*, dans lesquels toutes les bandes de terre sont renversées les unes à côté des autres, toujours dans le même sens. Ils suppriment les longues tournées et la perte de temps qui en résulte et évitent la multiplicité des enrayures et des dérayures; c'est assez dire qu'ils conviennent principalement aux terres saines. Un champ ainsi labouré présente une surface unie et régulière, ce qui rend plus facile l'exécution des travaux ultérieurs.

Ces différents labours ne se pratiquent pas avec les mêmes espèces de charrues; aussi y a-t-il lieu tout d'abrod de distinguer :

1° Les *araires* ou charrues sans avant-train;

2° Les *charrues* proprement dites, ou à roues.

Dans les unes et les autres, les pièces travaillantes actives sont : le *coutre*, le *soc* et le *versoir*.

L'*âge* ou flèche constitue le corps même de la charrue.

Description générale de la charrue. — Les pièces qui constituent la charrue peuvent être rangées en trois groupes :

1° Les pièces actives (coutre, soc, versoir) ;

2° Les pièces d'assemblage (sep, étançon, âge) ;

3° Les pièces de régularisation (mancherons, régulateur).

1° **Pièces actives.** — Tout d'abord le *coutre, B*, (fig. 1), sorte de couteau pointu, incliné, qui sert à couper la tranche de terre verticalement. Le coutre est en fer forgé, aciéré sur le tranchant. Si la pointe est dirigée en avant, l'entrure de la charrue tend à augmenter, les pierres et les racines sont élevées à la surface du sol. Si, au contraire, le coutre est incliné en arrière, les obstacles sont enfouis dans la terre. Le coutre doit donc pouvoir se déplacer, aussi est-il placé dans une partie évidée de l'âge, appelée *coutrière*.

Le *soc o* est placé derrière le coutre ; c'est une pièce triangulaire, dont le tranchant est plus ou moins incliné, et qui a pour objet de couper la terre horizontalement. Les socs sont en fer, en fonte, ou préférablement en acier.

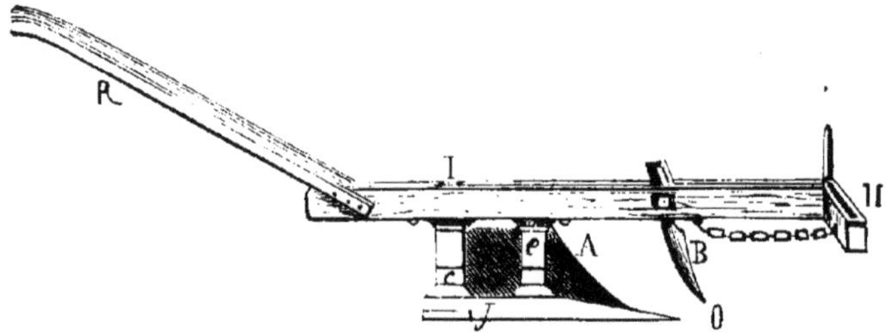

Fig. 1. — Description générale de la charrue.

Après le soc, qui est fixé aux *étançons*, vient le *versoir a*, ou oreille, qui sert à renverser la bande de terre coupée par les deux pièces précédentes ; le renversement se fait sous un angle de 45°. Le versoir est très court quand la charrue doit fonctionner dans les terres légères ; il est au contraire très allongé pour les terres fortes, car la torsion de la bande demandera d'autant moins d'effort qu'elle sera moins longue, c'est-à-dire qu'elle se répartira sur une plus grande longueur. En outre, l'adhérence de la terre argileuse, croissant sur la surface du versoir, augmente la traction.

2° **Pièces d'assemblage.** — A sa partie inférieure, le versoir repose sur le sep *j*, pièce métallique qui porte en avant le soc, qui glisse au fond du sillon et qui est rattachée à l'âge par les *étançons e, c*, pièces verticales, qui servent à réunir le sep, le soc et le versoir à l'âge.

L'âge, ou flèche *i*, est en bois ou en fer, il supporte, directement ou indirectement, toutes les autres pièces de la charrue. Il doit être aussi rigide que possible, sans toutefois avoir un poids trop considérable qui charge inutilement la charrue. L'âge peut être droit ou courbé en col de cygne ; cette dernière disposition, dans les araires, prévient le bourrage dans les terrains enherbés.

3° **Pièces de régularisation.** — Tout d'abord, les *mancherons r*, ou pièces de bois, généralement au nombre de deux, qui servent à corriger les déviations de la charrue. « Les mancherons doivent être d'autant plus longs que le sep et le corps de la charrue sont eux-mêmes plus longs et l'instrument plus lourd. La longueur est généralement de 1 m. 25 et l'écartement de 50 à 60 centimètres aux poignées. » Lorsque le laboureur agit sur les mancherons dans le plan vertical, il augmente ou diminue la profondeur; lorsqu'il agit dans le sens horizontal, il va varier la largeur du labour. « Les mancherons, dit M. Ringelmann, agissent avec moins d'efficacité dans les charrues à support et à avant-train, que dans les araires. Avec un araire, dans les sols pierreux ou qui n'ont jamais été cultivés, le laboureur évite plus facilement les obstacles par son action instantanée sur les mancherons.

» Les charrues à support peuvent n'avoir qu'un mancheron, mais les araires en exigent deux. »

La *chaîne de tirage* est fixée sous l'âge, à peu près au-dessus de la pointe du soc. L'autre extrémité, sur laquelle agit l'attelage, peut être élevée ou abaissée, portée plus ou moins à droite ou à gauche, par le régulateur.

Le régulateur est placé en avant. « Lorsque la charrue doit prendre en tout temps la même largeur et la même profondeur, le régulateur détermine la position du point d'attache des traits qui donne l'équilibre pour les dimensions du labour.

Supposons que la charrue en marche soit équilibrée pour une profondeur et une largeur données et que l'on abaisse le point d'attache :

Pour rétablir l'équilibre, la charrue pivotera sur le talon, la pointe du sep se lèvera, l'embêchage diminuera et en même temps la profondeur. Il en serait de même si l'on avait raccourci les traits, ce qui augmente l'angle que font ceux-ci avec l'horizontale. Baisser le point d'attache des traits par rapport à l'âge, ou raccourcir les traits, c'est donc diminuer la profondeur du labour. »

Si au contraire on élève le point d'attache ou si l'on allonge les traits, la profondeur augmente.

Si l'on porte le point de traction du côté du guéret, le soc tourne horizontalement du côté du labour, le rivotage diminue et la charrue prend moins large. Par une manœuvre opposée, le rivotage augmente et, par conséquent, la largeur.

Donc, porter le point d'attache des traits du côté du guéret, c'est diminuer la largeur. Le porter du côté du labour, c'est l'augmenter.

« Ainsi le régulateur sert pour prendre plus ou moins de profondeur ou de largeur avec une même charrue. »

Araires. — « L'araire, dit M. H. de Graffigny, a été l'objet de nombreuses discussions et sa valeur a été tour à tour affirmée et contestée par des agriculteurs compétents. A égalité de travail, ce modèle exige moins de traction que les autres, dont le poids est toujours plus élevé. Il permet de faire des tournées plus courtes, mais sa manœuvre est plus difficile et cela exige des ouvriers adroits, corrigeant à tout instant, à l'aide des mancherons, les déviations de cet instrument qui est, quoi qu'on en dise, fort instable. »

Parmi les araires en quelque sorte classiques, il faut distinguer :

L'araire de Dombasle (fig. 2), qui est encore une des meilleures charrues que nous possédions.

Fig. 2. — Charrue (araire) de Dombasle.

Fig. 3. — Araire de Grignon.

L'araire de Grignon (fig. 3), qui n'en diffère que par des détails de peu d'importance.

« Toutes choses égales d'ailleurs, dit M. Heuzé, l'araire a été inventé pour les terres douces, argilo-siliceuses, argilo-calcaires; sur de tels terrains, il a toujours une supériorité marquée sur les charrues avec avant-train, car il exige moins de frais d'entretien et ne nécessite que deux chevaux.

« Sur les sols caillouteux, l'araire est inférieur à la charrue à roues, si le charretier qui le conduit n'est pas habile à le diriger et si son soc n'est pas terminé par une pointe. Ceci s'explique aisément. Dans les terres graveleuses, les charrues qui n'ont pas un point de support à leur partie antérieure oscillent toujours à droite ou à gauche, en bas et en haut, quand elles fonctionnent. Alors, ou elles détachent ou renversent une bande de terre trop large, ou elles ne *piquent* pas assez, ou elles labourent trop profondément. Ce sont ces inconvénients qui ont conduit nos meilleurs constructeurs à adapter aux araires un avant-train particulier. »

Charrues à support. — Entre les araires et les charrues à avant-train, il nous faut placer les charrues à support. Ce sont des araires auxquels on a donné un point d'appui sur le devant. Ce point d'appui consiste, soit en un sabot, ou patin, qui glisse sur le sol, soit en une petite roulette.

Parmi ces instruments, nous devons citer la charrue « Syracuse », modèle américain de la maison Duncan (fig. 4).

Charrues à avant-train. — L'avant-train qu'on ajoute aux charrues est destiné à augmenter la stabilité de l'instrument. Il consiste en une paire de roues réunies par un essieu, et garnis d'une sellette qui reçoit l'avant de l'âge; généralement le régulateur s'adapte à l'avant-train.

Il existe un nombre infini de ces charrues. Nous ne mentionnerons que les modèles en quelque sorte classiques. Dans la charrue « Gladiator » de M. Hurtu, les deux roues ont des diamètres inégaux ; la plus grande marche dans le fond de la raie, et la plus petite sur le guéret.

La charrue *Brabant simple* (fig. 6) présente à peu près

Fig. 4. — Charrue à support « Syracuse ».

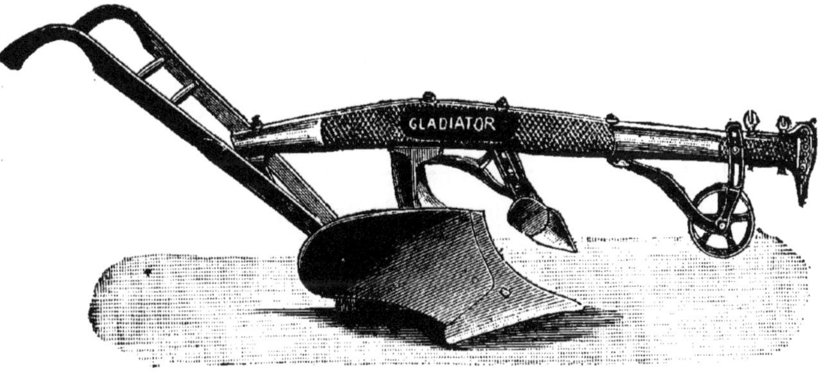

Fig. 5.

les mêmes organes que l'Araire Dombasle. A sa partie supérieure, l'âge porte une tige verticale entrant dans une mortaise qu'on assujettit solidement ; suivant qu'on élève ou qu'on abaisse cette tige dans la mortaise on modifie l'entrure du soc et on règle la profondeur du labour qui se maintient constant, sans efforts de la part du conducteur. Les deux roues sont d'égal diamètre.

« A l'avant de l'âge, dit M. H. Sagnier, est fixée, par une bride, une plaque de fer percée de trous, dans lesquels on place à volonté l'anneau du palonnier pour régler la largeur du labour. Le Brabant fonctionne avec une très grande régularité dans les terres de consistance moyenne; on exécute surtout avec cette charrue des labours de 15 à 22 centimètres. La conduite de l'instrument est excessivement facile. » Un des meilleurs systèmes de Brabant simple est celui de Bajac, représenté fig. 6.

Charrues tourne-oreille. — Ces charrues servent pour les labours à plat; elles doivent donc verser à volonté la terre à droite ou à gauche.

La figure 7 représente une charrue tourne-oreille construite par la maison Puzenat, et couvenant pour les labours de 15 à 22 centimètres.

Toutefois, pour ces labours, la charrue la plus employée aujourd'hui est le *Brabant double*, qui est composée de deux corps complets de charrue superposés et placés symétriquement par rapport à un âge commun.

Il existe un grand nombre de Brabants doubles. Un des plus perfectionnés est le Brabant Bajac. En raison de son importance pratique, nous croyons utile de donner ici quelques instructions détaillées pour la mise en marche de cet instrument, représenté figure 8.

I. **Terrage**. — La profondeur de terrage s'obtient en desserrant, daus la proportion convenable, la vis *A*, au moyen de la manivelle qui la surmonte. Lorsque l'entrure est bien réglée, on arrête cette manivelle à l'aide d'un double anneau en forme de 8 attaché au chignon ou double montant de l'essieu.

II. **Aplomb**. — En travail, le derrière de l'instrument

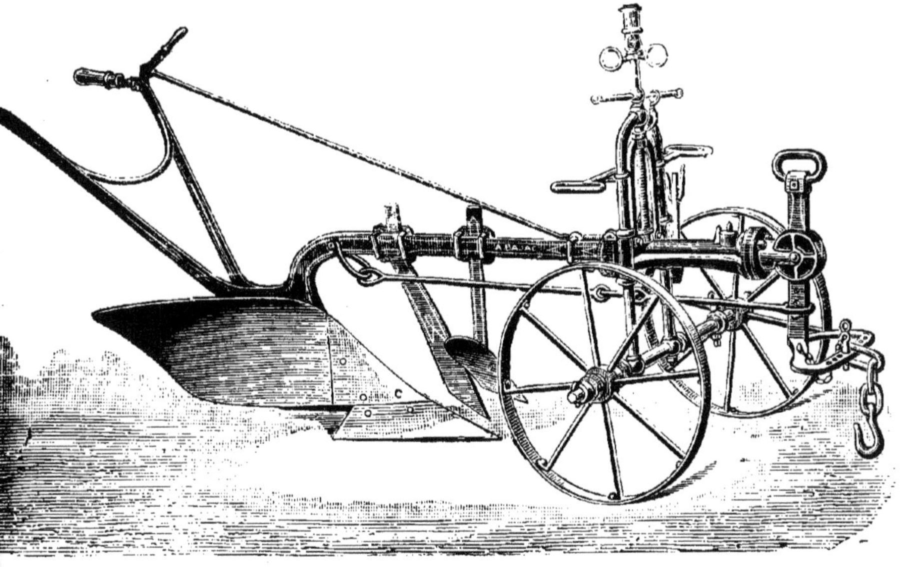

Fig. 6. — Brabant simple.

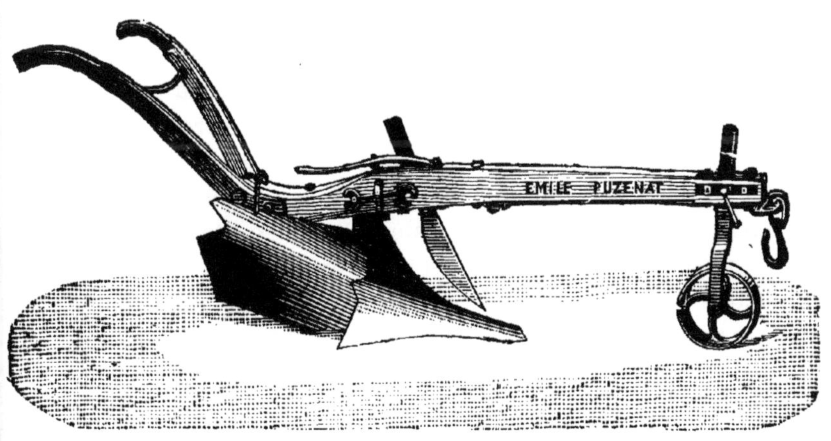

Fig. 7.

doit toujours être d'aplomb, quelle que soit l'inclinaison de l'avant-train résultant de la profondeur du labour. Cet aplomb est donné par les clichets *B*, que l'on descend autant qu'il est nécessaire en desserrant simplement les boulons qui les maintiennent. L'un des clichets pourra être baissé un peu plus que l'autre si besoin est; l'essentiel est de les régler de façon que le corps de la charrue soit toujours vertical, à l'aller comme au retour.

Contrairement à ce que pensent beaucoup de conducteurs, le clichet ne sert pas à prendre plus ou moins de raie, mais uniquement à maintenir le Brabant d'aplomb, comme il vient d'être dit, et à faciliter plus ou moins le renversement de la bande de terre prise par le versoir.

III. **Largeur de bande**. — La largeur de bande est déterminée par l'espacement existant entre deux lignes parallèles suivies l'une par la pointe du soc, l'autre par la roue qui marche dans la raie. On augmente ou diminue cette largeur en plaçant les flottes ou bagues d'essieu en dedans ou en dehors des moyeux.

A remarquer que chaque roue possède un moyeu long et un moyeu court; on peut donc, en la retournant et en mettant toutes flottes au dehors, arriver à prendre une bande de terre aussi étroite qu'on le désire.

IV. **Bordayage**. — Pour qu'une fois réglée, la largeur de bande reste bien toujours la même, il faut que l'une des roues bordaye dans la raie déjà tracée. On obtient ce bordayage en plaçant aux trous convenables les chevillettes de l'étrier et à ce sujet il y a lieu de faire les remarques suivantes :

Si on laboure avec un seul cheval, ce dernier marche dans la raie.

Si l'attelage se compose de deux chevaux, l'un d'eux marche encore dans le sillon, l'autre sur la terre ferme;

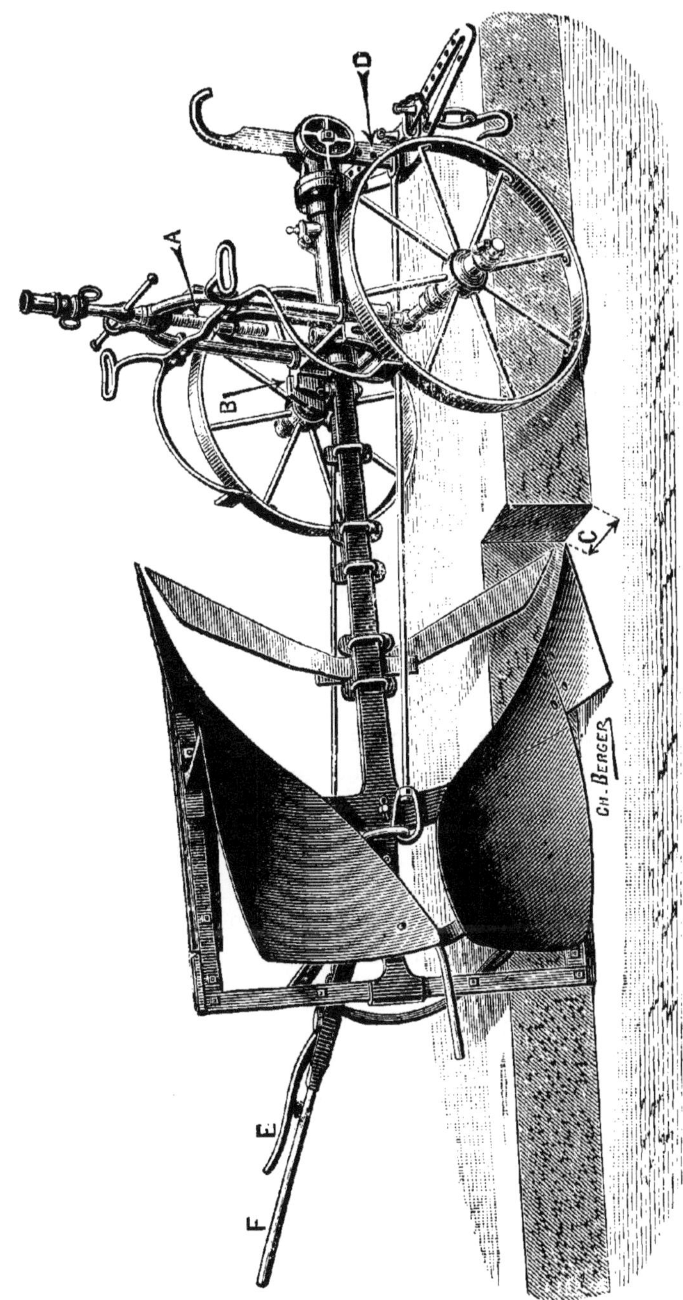

Fig. 8. — Fonctionnement du Brabant double.

le point de traction est naturellement déplacé et se trouve entre les deux bêtes.

Avec trois chevaux, la ligne de tirage a son origine en *f*; l'un des animaux marchant toujours dans le sillon.

En résumé, si le Brabant est tourné pour verser la terre à gauche, on reconnaîtra que la chevillette est trop à droite lorsque la roue qui doit bordayer tendra à marcher vers le milieu de la raie; lorsqu'au contraire elle demandera à franchir le talus et à monter sur le terrain non labouré, ce sera une preuve certaine que le point d'attache est trop porté à gauche.

V. **Talonnage.** — Dans le Brabant à tête refoulante, la traction se fait à l'arrière, ce qui aide puissamment au talonnage. En outre, le montant de l'étrier est percé en *D* de plusieurs trous qui permettent de la descendre dans la mortaise de la tête, suivant les besoins. On comprendra, en effet, que si le point d'attache est fixé trop haut, les roues appuieront fortement sur le sol, d'où un frottement dans les moyeux et une augmentation de tirage. Autre conséquence de cette disposition défectueuse, le soc tendra à marcher vers la pointe au lieu de talonner comme il est nécessaire. D'autre part, si l'étrier descend trop bas, l'avant-train se soulèvera et la régularité de la marche en souffrira.

Il faut donc, pour que le moyen terme recherché soit obtenu, que les roues servent simplement de guides, sans appuyer, et que le soc et le talon soient bien sur un même plan horizontal.

On reconnaît qu'il y a excès dans un sens ou dans l'autre, soit quand les roues s'impriment trop en terre, soit quand elles tendent à se soulever.

La longueur des traits ou des chaînes de traction doit être aussi bien observée.

VI. **Virage et mouvement de bascule.** — Pendant

la marche, le Brabant se tient absolument seul, sans qu'il soit besoin d'y porter la main. On le retourne au bout du champ de la façon suivante :

Environ un mètre avant d'arriver à l'extrémité de la raie, le conducteur fait jouer le verrou en appuyant sur la petite poignée de décliquement *E*; en même temps, il force le derrière du Brabant à s'incliner vers le labour. On arrête à ce moment et l'instrument se trouve dans une position horizontale, reposant sur les deux oreilles ou extrémités des versoirs; on ramène alors la grande poignée de renversement *F* vers le côté qu'il s'agit de relever.

Pendant que les chevaux opèrent leur changement de direction en tournant sur la terre ferme, le laboureur continue le mouvement de bascule, en soulevant, au moyen de la grande poignée, le côté qu'il vient de déterrer; le verrou vient se loger dans l'encoche du clichet ou oreillon *B*, et l'instrument se trouve mis en place pour la reprise d'une nouvelle raie. Si le Brabant est léger, le conducteur soulève par la grande poignée pour mettre en ligne; si le poids est élevé, il appuie au contraire pour faciliter le pivotage.

Il importe de remarquer que le mouvement tournant des chevaux doit faire glisser la maille du crochet d'attelage sur l'étrier d'une chevillette à l'autre.

Avec un peu d'habitude, tout l'ensemble de cette manœuvre s'exécute facilement d'une seule main et sans aucune fatigue ni perte de temps.

Charrues multiples. — Cherchant à faire vite et à bon marché, on a inventé les charrues multiples, qui se composent de la réunion de plusieurs charrues accolées les unes aux autres et mises en mouvement par un seul attelage.

Un de ces instruments faisant office de deux, trois ou

quatre charrues, peut d'ailleurs être mené par un seul homme.

La figure 9 représente le Polysoc de Howard, qui est un type en quelque sorte classique. Cette charrue, dont les socs sont légers, est employée avec avantage pour le déchaumage, dans les terrains légers, et pour couvrir la semence, dans les pays où il est d'usage de semer par-dessous.

Fig. 9.

Les polysocs doubles, construits à la façon des *brabants doubles* ont en outre l'avantage de pouvoir prendre la terre de n'importe quel sens et de la renverser à droite ou à gauche, en montant ou en descendant (fig. 10).

Charrue Brabant double avec versoir à claire-voie. — Ce genre de versoir se recommande tout particulièrement pour les excellents résultats qu'il produit dans les terres fortes et collantes, où il offre moins de surface effective que le versoir plein ; il occasionne moins de frottement et par suite moins d'adhérence

Charrues spéciales. — Dans ce groupe, nous devons tout d'abord signaler les fortes charrues servant aux défoncements ou *défonceuses.*

Pour les défoncements très profonds on fait plus sou-

Fig. 10. — Brabant double.

Fig. 11. — Charrue défonceuse marchant par la vapeur.

vent usage de la charrue-bascule Polysoc fonctionnant avec une locomobile et un treuil (fig. 11).

Les *fouilleuses* (fig. 12) sont des charrues qui servent à remuer le sous-sol sans le ramener à la surface. Ici le coutre est supprimé.

Dans bon nombre de cas, elles sont employées avec avantage à la suite ou derrière une charrue ordinaire, surtout lorsque le sous-sol est de mauvaise nature.

Si la charrue, en effet, descend à 20 centimètres par exemple, la fouilleuse peut ensuite augmenter cette pro-

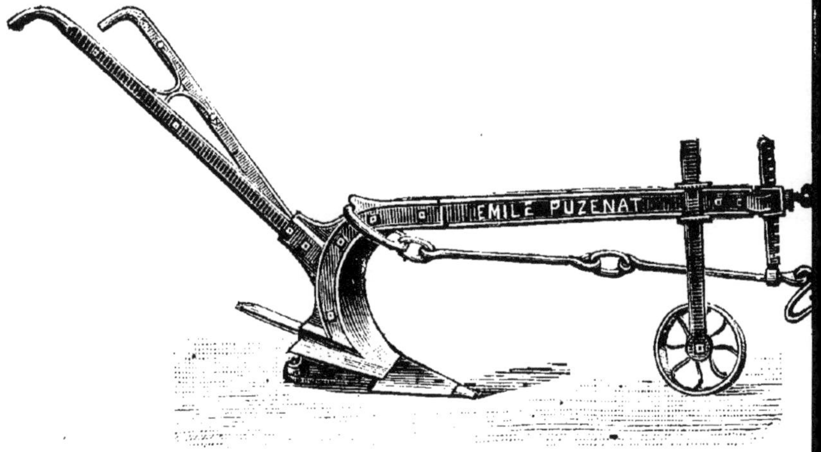

Fig. 12. — Fouilleuse.

fondeur de 25 centimètres, soit au total 45 centimètres.

Les *Déchaumeuses*, contrairement aux charrues précédentes, servent pour les labours très superficiels, surtout pour renverser les chaumes et enterrer les semences. Avec la déchaumeuse double Puzenat (fig. 13) deux chevaux suffisent pour faire un labour qui varie de 3 à 10 centimètres de profondeur. Le travail, avec cet instrument, se fait très rapidement ; ainsi en déchaumage, on peut faire un hectare et demi en 10 heures. En enterrage de semence, deux hectares et demi en 10 heures.

Les *charrues à siège* se définissent elles-mêmes. Le

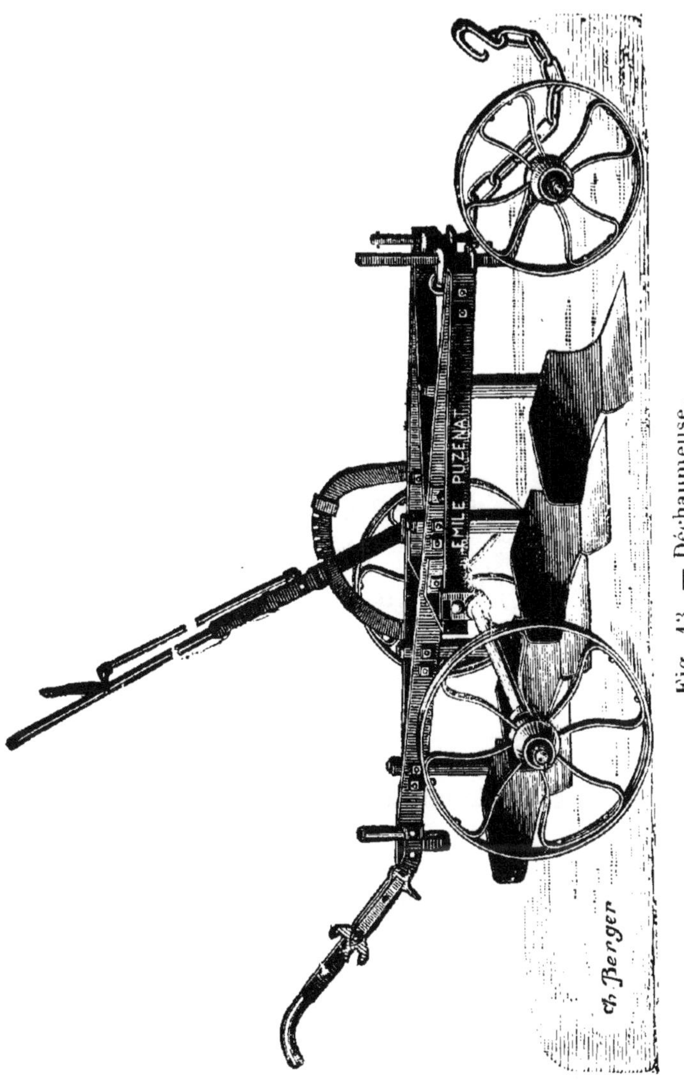

Fig. 13. — Déchaumeuse.

but qu'on se propose d'atteindre, avec ces instruments, est de faire, avec les mêmes attelages et un personnel plus facile à trouver, une quantité de travail double, dans le même temps, qu'avec les charrues ordinaires.

Le conducteur étant assis sur un siège mène son attelage plus vite, surveille mieux le travail et peut régler instantanément la largeur et la profondeur du labour.

Dans la charrue Tilbury Oliver il y a un frein absolument automatique pour le relevage au bout de la raie.

Buttoirs. — Le buttage, dit M. Ringelmann, est une opération qui consiste à accumuler de la terre autour

Fig. 14.

des plantes dans le but d'augmenter l'épaisseur du sol arable, d'assainir le terrain et de favoriser le développement de la végétation. Il se pratique pour certaines pommes de terre, les betteraves, la vigne, etc.

Les buttoirs se composent de deux versoirs symétriques et opposés, fixés à un âge commun. Ils renversent la terre à droite et à gauche. Le soc a la forme d'un triangle isocèle ; il n'y a pas de coutre.

Ces instruments (fig. 14) s'emploient également pour ouvrir les sillons nécessaires à diverses plantations. Dans le modèle que nous figurons, dû à M. Bajac, les versoirs s'écartent ou se ferment à volonté.

Travail des charrues. — D'après M. Granvoinnet :

Le soc	absorbe 42 p. 0/0	de la	traction	totale.	
Le sep	—	25,6	—	—	—
Le coutre	—	21,8	—	—	—
Le versoir	—	8,7	—	—	—

L'effort de la traction est à peu près indépendant de la vitesse de la charrue.

Le travail effectué par mètre cube de terre remuée diminue quand le volume de terre remuée par le labour augmente.

D'après Wüst, la traction par décimètre carré serait :

En terre légère, de		20 à 30 kil.
—	de moyenne consistance	30 à 40 —
—	forte	40 à 60 —

CHAPITRE II

SCARIFICATEURS, CULTIVATEURS, EXTIRPATEURS

Scarificateurs. — Ce sont des instruments en quelque sorte intermédiaires entre les charrues et les herses. Le scarificateur est formé d'un bâti, de forme variable, muni de dents très puissantes, sortes de coutres, en nombre et écartement variables.

Cet instrument complète très bien le travail de la charrue, en pulvérisant les grosses mottes qui seront émiettées plus tard par la herse (chap. III).

Il existe un très grand nombre de modèles de scarificateurs. Un des plus importants est celui de Colemann, dans lequel le régulateur de profondeur est fixé en avant;

les dents sont fixées sur les longerons qui résistent mieux que les traverses (fig. 15).

Dans le scarificateur de Biddel (fig. 16) les dents sont assemblées avec le bâti, au moyen d'étrier à vis de pression ; les dents sont fixées sur les traverses.

Fig. 15. — Scarificateur de Colemann.

Extirpateurs. — Les extirpateurs ressemblent beaucoup aux scarificateurs, mais les dents sont garnies de socs plats, larges et tranchants sur les bouts. Comme leur nom l'indique, ils sont surtout employés pour couper et extirper les racines et écroûter le sol à une faible profondeur.

Cultivateurs. — Ce sont des extirpateurs dans lesquels les dents sont garnies de socs moins larges et plus bombés ; ils remuent donc plus énergiquement la couche arable. Un des meilleurs systèmes est le *cultivateur canadien* de Massey-Harris (fig. 17) dont les dents sont flexibles, à écartement variable, sur des cadres articu-

Fig. 16. — Scarificateur de Biddell.

lés; chaque dent est renforcée par un système de contre-ressort, qui double la dent sur une certaine longueur et prévient toute casse ou torsion. Les socs sont reversibles ; chaque cadre en acier, est indépendant des autres. Le cultivateur canadien remplace la déchaumeuse, le scarificateur et la herse.

Régénérateurs de prairies. — Cet instrument se rapproche quelque peu des précédents. Il est composé d'une série de lames tranchantes, coupant le gazon en

Fig. 17. — Cultivateur canadien.

Fig. 18. — Régénérateur de prairies.

bandes étroites et laissant pénétrer l'air à travers les racines (fig. 18). Ce travail améliore beaucoup les prairies, en même temps qu'il détruit la mousse, si nuisible aux herbages.

CHAPITRE III

HERSES ET ROULEAUX

Les herses et les hersages. — « Les herses, dit M. A. Tresca, ont des usages variés qu'il est utile d'énumérer tout d'abord :

1° Ces outils servent à l'émiettage de la terre lorsque, après différentes façons données, soit à la charrue, soit au moyen de rouleaux brise-mottes, il est nécessaire de compléter l'émiettement de la terre, avant de procéder à son ensemencement.

2° Elles sont employées aussi pour préparer les différents sillons parallèles, de faible profondeur, dans lesquels on répand la semence, lorsqu'on procède à l'ensemencement des terres par des procédés entièrement manuels, ou même mécaniques, constituant le semis à la volée.

3° Le même instrument, la herse, peut servir encore, par un hersage de direction perpendiculaire, à recouvrir les semences de terre, en refermant les sillons.

4° La herse peut encore servir à découper la surface du sol, à l'égal du scarificateur, pour aérer le terrain pendant la pousse des céréales, en même temps que l'on procède ainsi au nettoyage de la terre.

5° Enfin, en promenant une herse à la surface d'une prairie naturelle, on en extrait la mousse qui nuit au développement normal des plantes, constituant cette prairie.

Le poids de l'instrument varie suivant la nature de l'opération. »

On divise les herses en deux grands groupes :

1° les herses à dents solidaires ;

2° Les herses à dents indépendantes.

Chacun de ces groupes comprend en outre un certain nombre de variétés.

Herses traînantes à dents solidaires. — Dans ce groupe se range une des herses encore fort en usage dans quelques campagnes, c'est la *herse triangulaire en bois*, dans laquelle la chaine d'attelage se fixe au sommet du triangle qui fait face aux traverses parallèles sur lesquelles sont fixées les dents, qui sont inclinées à 0m60 sur le plan horizontal du bâti.

Ces dents sont doubles, c'est-à-dire qu'elles dépassent les traverses en bas et en haut, ce qui permet, en retournant l'instrument, de herser *en décrochant* (c'est-à-dire en diminuant l'entrure). Avec la disposition ordinaire on herse *en accrochant*.

L'entrure, ou pour mieux dire la profondeur du hersage avec cet instrument, peut être obtenue : soit en chargeant le dessous de la herse avec des pièces lourdes quelconques ; soit en allongeant les traits.

Dans les terres lourdes, on emploie parfois la *herse triangulaire en fer*, qui est toutefois moins répandue.

La *herse Valcourt* est un premier perfectionnement sur les précédentes. C'est d'ailleurs la plus employée. Ayant la forme d'un parallélogramme, cette herse est formée de quatre timons reliés entre eux par trois traverses ; elle porte 24 dents en fer, traçant sur le sol autant de sillons parallèles également espacés. Le plus souvent, ces sillons sont espacés de 53 millimètres et embrassent une longueur totale d'environ 1m25 (1).

La saillie des dents est d'environ 19 centimètres.

Cette herse est employée, soit seule, soit accouplée.

C'est surtout Mathieu de Dombasle, qui s'est fait le propagateur de cet instrument ; « Ce n'est que depuis que je fais usage de la herse Valcourt, disait-il, que je sais ce que vaut un bon hersage. »

On a également construit ce modèle en fer, avec régulateur, permettant de faire varier, à volonté, la profondeur du travail.

Cependant, ainsi que le fait remarquer M. Max Ringelmann, on préfère les herses en zig-zag, dont le bâti, affectant la forme d'un Z allongé, peut être considéré comme étant formé (fig. 19) de trois parallélogrammes : deux extrêmes, inclinés dans le même sens, et un central incliné en sens inverse. « Ces herses sont plus stables que les précédentes et se maintiennent mieux dans la direction du tirage. Quand on doit herser une grande largeur d'un seul coup, il faut renoncer à employer une seule herse rigide, dont les dents travailleraient inégalement ; on accouple alors plusieurs herses en zig-zag. »

Cette herse, inventée par Howard, a été perfectionnée par un constructeur français, M. Puzenat (fig. 20).

Une des principales caractéristiques de ce modèle consiste dans les barres d'équilibre et d'assemblage.

Les dents de cette herse sont à encolure carrée, les écrous sont retenus par une platine de sûreté, ce qui assure à l'instrument une solidité parfaite. Les chaînes

(1) Toutefois, la herse de Valcourt peut avoir des dimensions assez variables ; mais, pour peu que la surface du sol ne soit pas bien plane, l'exagération des dimensions aurait pour effet de laisser sur le terrain des parties insuffisamment hersées.

croisées centrales sont à effet convergent, évitant à la herse de *bourrer* par leur mouvement constant de rappel simultané sans bruit ni frottement, laissant ainsi libre

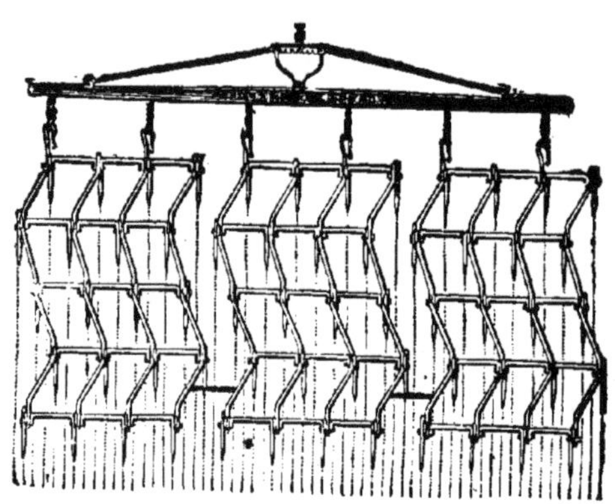

Fig. 19. — Herse triple en Z.

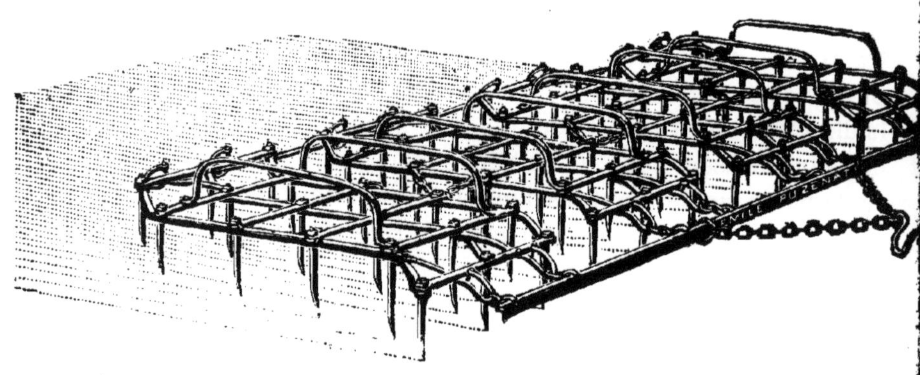

Fig. 20. — Hers Puzenat.

chaque compartiment de suivre toutes les sinuosités du sol. La moyenne d'écartement des dents de ces herses est de 40 à 45 millimètres.

Les herses disposées avec la barre d'équilibre seule conviennent aux hersages moyens; celles disposées avec la barre d'équilibre et les barres d'assemblage, les deux accrochées ensemble à l'arrière de la herse, conviennent aux hersages énergiques. On voit que ce dispositif per-

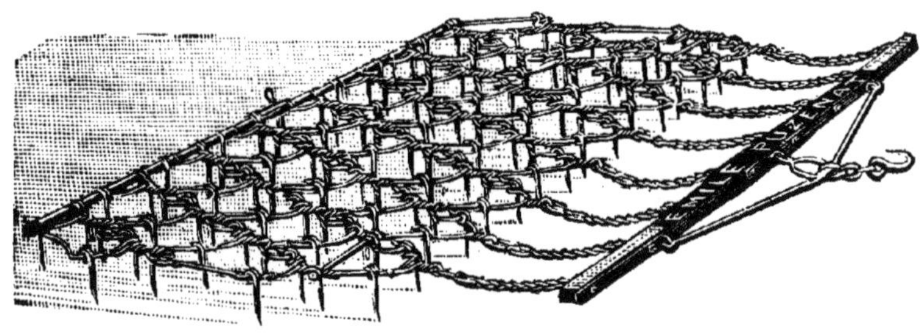

Fig. 21.

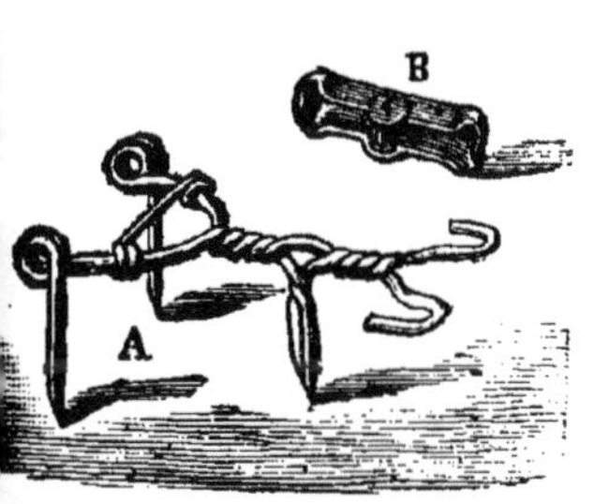

Fig. 22. — Détail des dents.

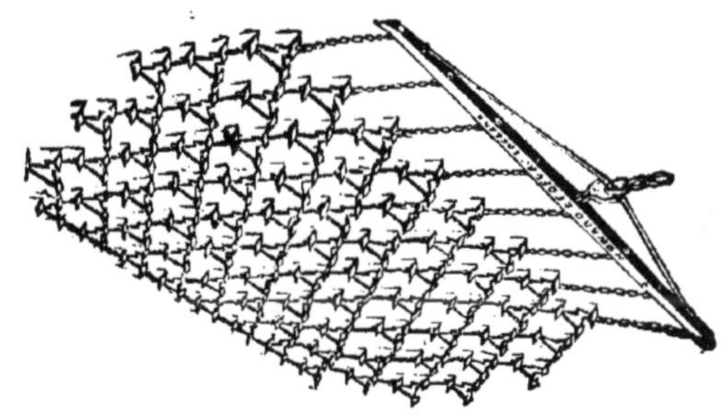

Fig. 23. — Herse à chaînons.

met de produire à la fois des hersages légers, moyens ou énergiques.

Herses traînantes à dents indépendantes. — Dans les herses à dents solidaires, si l'une d'elles est soulevée par un obstacle, la plupart des autres passent sur le sol à peu près sans agir.

Il n'en est plus ainsi dans les herses à dents indépendantes, dont un type classique est celui de Puzenat (fig. 21 et 22).

Les dents, en acier, sont réunies par trois, formant sections articulées entre elles. Cette herse est surtout employée dans les hersages après labours, dans l'enterrage des grains et graines fines; c'est la démousseuse de prairies par excellence.

Fig. 24. — Herse écroûteuse, Huard frères.

Herses souples à chaînons. — Ces herses sont surtout indiquées pour les travaux légers et pour recouvrir les semences fines. Un des meilleurs systèmes est celui de Howard (fig. 23). Cette herse est formée d'une série de mailles en fil d'acier disposées en zig-zag, sur lesquelles sont fondues des dents triangulaires plus longues d'un côté que de l'autre et coupées en biseau par derrière. Chaque maille étant parfaitement articulée, on peut herser les terrains les plus accidentés.

Herses roulantes écroûteuses et pulvérisantes. — Ainsi que leur nom l'indique, ces herses brisent et pulvérisent les mottes et émiettent le terrain. Elles sont d'un emploi varié ; on s'en sert surtout pour les semailles

Fig. 25. — Herse pulvérisante « Acmé. »

de printemps : betteraves, avoines, etc., avant et après avoir passé le semoir.

Un excellent modèle de ce genre est celui de MM. Huard frères de Chateaubriant (fig. 24), qui, avec une faible traction, assure une excellente préparation du sol avant le passage du semoir.

Tous les essieux sur lesquels reposent les étoiles sont mobiles, c'est-à-dire que les rangées d'étoiles peuvent suivre les ondulations du terrain indépendamment les unes des autres.

Herses pulvérisantes. — La herse « Acmé, » dite pulvérisante, qui parut pour la première fois en France en 1885, est formée de deux systèmes de dents recourbées en acier flexible, qui épousent facilement les sinuosités du sol.

Elle est pourvue d'un siège et d'un timon et la profondeur du travail peut être réglée au moyen d'un levier qui est à la portée du conducteur. On peut donc, suivant les besoins, la faire travailler énergiquement ou légèrement (fig. 25).

La herse pulvérisante à disques d'acier, ou pulvériseur (fig. 26) est employée dans les terrains de demi consistance, ainsi que dans les déchaumages légers, pour le recoupage des labours, la pulvérisation et le nivellement du sol. Le réglage d'entrure s'obtient par un levier à la portée du conducteur; on peut donc faire varier la position biaisée des disques pour les faire pénétrer plus ou moins dans le sol. Pour obtenir une plus grande pénétration, si on le juge utile, on charge, avec des pierres, les deux caisses qui sont disposées de chaque côté.

Enfin, nous terminerons ce qui a rapport aux herses, par les herses à billons, dont la forme est telle que la surface bombée d'un billon puisse être hersée aussi facilement qu'une surface plane.

Les herses, surtout les herses rigides, se transportent sur des traîneaux spéciaux, en bois ou en fer, ou préférablement encore en acier. Le modèle que nous donnons (fig. 27) peut servir pour le transport des herses de tous genres, pour les charrues, etc.

Les rouleaux et les roulages. — L'emploi des rouleaux poursuit deux buts différents : 1° compléter le travail de la charrue en brisant et pulvérisant les mottes (rouleaux émotteurs); 2° comprimer et tasser le sol après

Fig. 26. — Herse à disques.

Fig. 27. — Charriot pour herses et charues.

le hersage rouleaux plombeurs). Ce plombage est parfois indispensable après l'hiver : le sol, soulevé par la gelée, est friable et fendillé ; la même opération est encore très souvent nécessaire au printemps après l'ensemencement.

Enfin les rouleaux plombeurs écrasent les insectes et les vers qui vivent dans la couche superficielle.

Fig. 28. — Rouleau Crosskill.

Voici, d'après M. A. Poussart, les conditions que doit remplir un bon rouleau.

1° Il doit être pesant pour agir d'une façon plus énergique.

2° On doit pouvoir faire varier son poids de façon à régler son énergie d'écrasement suivant la consistance du sol, sa nature.

3° L'effort pour le traîner doit être le plus petit possible.

4° On doit pouvoir le faire tourner facilement, sans endommager le sol, sans produire d'affouillements.

5° La surface des rouleaux plombeurs doit être unie pour comprimer régulièrement la terre ; celle des rouleaux émotteurs doit être garnie d'aspérités facilitant la division des mottes, leur pulvérisation.

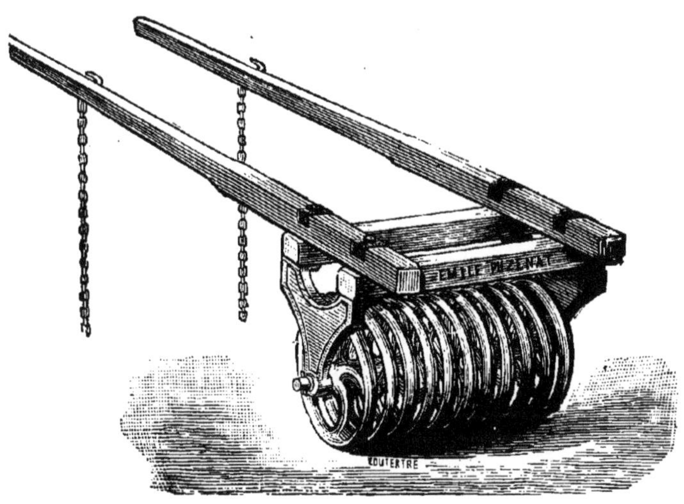

Fig. 29. — Rouleau-squelette.

Rouleaux brise-mottes ou émotteurs. — Ces rouleaux, désignés aussi sous le nom de leur inventeur, Crosskill, sont ordinairement constitués par une série de disques plats, d'inégal diamètre et dont la circonférence est garnie de deux sortes de dents : les unes dirigées suivant le prolongement du rayon, les autres perpendiculairement à cette direction (fig. 28). Tous ces disques sont enfilés, les petits alternant avec les grands, sur un arbre en fer autour duquel ils peuvent tourner avec un très grand jeu. En marche tous ces disques portent sur le sol, mais comme ils ont une vitesse différente par suite de leur inégalité de diamètre, il en résulte que les mottes de terre qui se trouvent prises entre deux disques sont froissées et pulvérisées ; le nettoyage est automatique. Quelques modèles de Crosskill ont des dents crochues pouvant agir dans les deux sens, mais avec plus ou moins d'énergie (H. de Graffigny).

Dans le rouleau-squelette (fig. 29) ou ondulé, qui sert surtout pour les terrains de demi-consistance, les pièces sont formées de segments enfilés sur un axe unique, et pourvues de curettes de nettoyage pour éviter l'engorgement.

Rouleaux plombeurs. — Les rouleaux d'une seule pièce, formés d'un cylindre en bois de chêne ou d'orme de 50 centimètres de diamètre, sur environ 1 m. 70 de longueur, ne sont guère recommandables, en raison de la difficulté qu'on éprouve dans les tournées ; il en est de même des rouleaux en pierre, qui, quoique plus lourds, donnent aussi un travail inégal et imparfait, surtout dans les terres caillouteuses. De plus, dans les retournements, il se produit souvent un affouillement du sol. Ceci explique, dit M. J. Troude, avec quelle faveur ont été accueillis les rouleaux composés, à cylindres de fonte ou de tôle ; les cylindres sont moulés flottants sur un axe longitudinal, en nombre pair ou en nombre impair ; la première disposition, qui, seule, peut prévenir l'affouillement, doit être préférée. L'attelage se fait à limonière pour un cheval, à flèche pour plusieurs chevaux ou bœufs, quelquefois aussi à avant-train à deux roues ; l'emploi de l'avant-train pour les rouleaux lourds et l'adjonction de frein à vis ou à levier est très recommandable, quel que soit le genre d'attelage. Ces divers

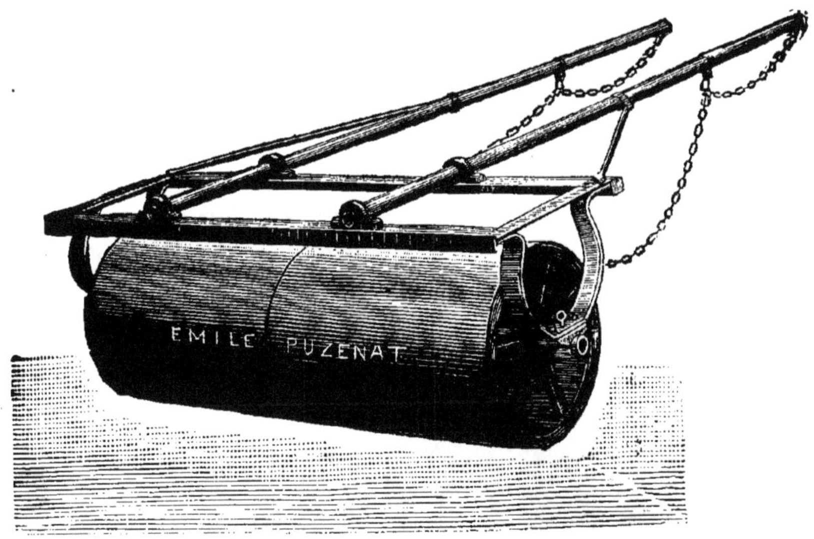

Fig. 30. — Rouleau plombeur en tôle de deux pièces.

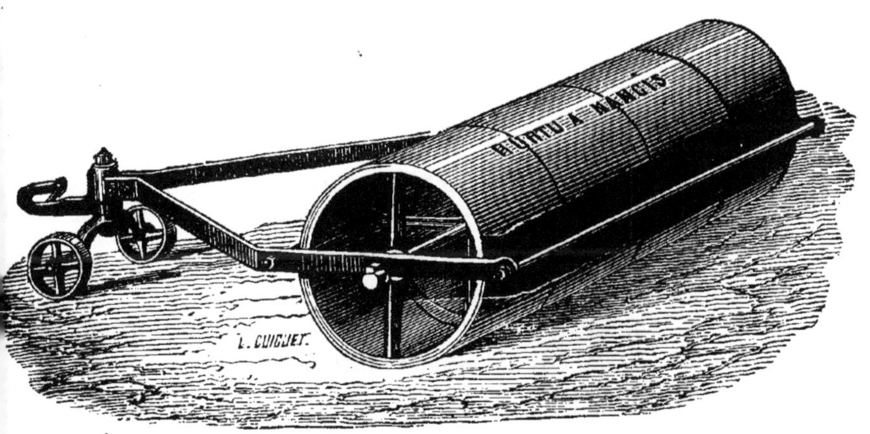

Fig. 31. — Rouleau plombeur à quatre disques.

appareils accessoires sont fournis aujourd'hui par tous nos grands constructeurs de machines agricoles.

La figure 30 représente le rouleau uni plombeur en tôle de Puzenot, formé de deux pièces.

La maison Hurtu construit un rouleau à quatre disques en tôle, de 65 centimètres de diamètre, mais avec avant-train et châssis en fer; la largeur du travail est de 2 mètres 80 (fig. 31).

Poids des rouleaux. — Comme le fait remarquer M. A. Poussart, dans les terres légères, un rouleau d'un poids très faible est suffisant; le roulage est même pour ainsi dire inutile dans les sables, les dunes, etc.

Fig. 32. — Rouleau-herse.

Dans les terres argileuses, compactes, ou fortement soulevées par les gelées, il est nécessaire d'employer des rouleaux très pesants; leur poids varie de 400 à 1,000 kilogrammes; ils exigent un ou deux chevaux.

A poids égal, un rouleau court et gros porte sur une moindre surface qu'un rouleau long et mince; le poids, agissant dans le premier cas sur une moindre surface, produit par conséquent une compression plus énergique. Le travail, il est vrai, est moins rapide, parce que l'on est obligé de faire plus de tours, mais il est mieux exécuté.

On a constaté, en outre, qu'à poids égal un rouleau de grand diamètre et de même longueur produit une plus grande compression.

Les rouleaux de 45 à 50 centimètres de diamètre conviennent pour les terres légères ; ceux de 60 centimètres pour les terres moyennes ; pour les terres compactes, on construit des rouleaux de 70 centimètres, pesant de 700 à 800 kilogrammes par mètre courant et exigeant quatre chevaux.

Rouleau-herse. — Par sa combinaison de deux outils en un seul, le rouleau-herse à brancards pour un cheval, construit par M. Bajac, est d'une application très pratique en culture maraîchère et même en petite culture de plein champ, ainsi que dans les vignes (fig. 32).

Le rouleau forme lest sur la herse et réciproquement, si l'on veut donner moins de poids à l'un ou à l'autre, il suffit d'enlever l'outil opposé, ce qui se fait très rapidement et avec la plus grande facilité.

CHAPITRE IV

SEMOIRS

Les semoirs mécaniques constituent les instruments perfectionnés par excellence ; les services qu'ils rendent à la culture sont énormes, aussi ont-ils provoqué un véritable enthousiasme. Il y en a de nombreux systèmes, néanmoins, comme le fait remarquer M. A. Larbalétrier ; tous se composent essentiellement d'une caisse plus ou moins allongée reposant transversalement sur les roues, et au fond de laquelle se meut un axe ou essieu portant des rayons en forme de cuiller ou de palette. Quelquefois ces distributeurs sont de simples disques à alvéoles. Ils tournent lorsque le semoir marche, leur mouvement étant donné par les roues motrices, grâce à un système d'engrenages. Ces rayons puisent la graine dans la caisse et la font tomber dans des conduits tangents à la circonférence qu'elles décrivent.

Dans les semoirs *à la volée*, ces conduits sont très courts et déversent les graines sur un tablier plat, uni ou hérissé de clous qui disséminent les semences en les répartissant.

Dans les semoirs *en lignes*, il y a autant de tubes ou conduits qu'on veut ensemencer de lignes. Ces tubes se prolongent jusque dans le sol et s'y enfoncent plus ou moins grâce à des poids dont on peut les charger. De plus, chacun d'eux est suivi d'une petite roulette, qui ferme la raie et enterre la semence.

Quel que soit le système, un semoir pour être dans de bonnes conditions doit réunir les qualités suivantes :

1° Avoir un mécanisme simple, qui puisse répandre à volonté plus ou moins de semence par hectare. Cette condition est généralement réalisée, grâce à des pignons dentés de diamètres différents qui, fixés sur l'axe de rotation des distributeurs, reçoivent leur mouvement par une roue dentée fixée sur une des roues motrices ; suivant leur diamètre, ces pignons tournent plus ou moins vite et répandent plus ou moins de semence.

2° Distribuer avec régularité, et sans interruption, les semences grosses, moyennes et petites ;

3° Une fois réglé, le semoir doit enterrer les semences toutes à la même profondeur.

L'emploi du semoir mécanique exige que le sol soit labouré à plat ou en planches larges.

Les semoirs ont l'immense avantage d'économiser un cinquième ou un quart de la quantité de semence qu'on répand ordinairement dans les semailles à la main.

Bien dirigé, un semoir peut faire 2 à 4 hectares par jour.

En résumé, les avantages que présentent les semoirs sont les suivants, d'après M. G. Heuzé :

1° Ils répandent les semences avec plus de régularité que la main de l'homme ;

Fig. 33. — Semoir à brouette.

2° Ils enterrent les semences à la même profondeur, ce qui empêche les céréales d'automne d'être déchaussées par les effets des gels et dégels ;

3° Ils répandent souvent un engrais pulvérulent en même temps qu'ils projettent les graines dans les tubes conducteurs.

4° Les céréales semées en lignes ont une végétation plus uniforme ;

5° Ces plantes sont toujours moins exposées à la verse, parce que leurs tiges acquièrent plus de rigidité avant ou après l'épiaison ;

6° La distribution des semences en lignes rend très faciles les binages et les sarclages.

Semoir à brouette. — Le semoir à brouette de Dombasle (fig. 33) est le plus simple des semoirs mécaniques. Il se conduit à bras comme une brouette, ainsi que son nom l'indique.

Il comprend un compartiment pour recevoir la graine ; une vanette servant à régler le passage de la graine dans le compartiment où est situé l'arbre de couche portant le disque sur lequel sont fixés les distributeurs à cuiller (ouverts sur la figure) ; puis un plan incliné conduisant la graine dans les cuillers, une poulie sur laquelle s'enroule la chaîne, qui est mise en mouvement par la roue ; enfin des plans inclinés dirigent la graine dans le tube conducteur.

Ce semoir est surtout employé dans la petite culture et principalement par les maraîchers.

Semoirs à cheval. — Le type de ces instruments est le semoir Smyth, dont dérivent tous les autres systèmes. Nous ne décrirons que les principaux, et les plus récents. Tout d'abord les semoirs en lignes.

Dans le semoir le « *Fram*, » de Jar. S. Duncan (fig. 34), la distribution de la semence est faite au moyen de cylindres cannelés, sortis de pignons montés sur un arbre distributeur, dont le déplacement latéral suffit pour charger instantanément le débit du semoir. Ce déplacement, pour le réglage du débit, se fait au moyen d'un petit volant placé sur le côté gauche du coffre à graines ; en réglant la première chambre de distribution, qui est graduée, on règle toutes les autres.

La distribution à cannelures, dite « Américaine, » permet de semer toutes sortes de graines avec une régularité absolue, sans aucun changement d'engrenages ou d'organes de distribution.

Fig. 34. — Semoir en lignes.

Cette régularité reste aussi parfaite dans les terrains accidentés qu'en plaine, et malgré les chocs.

Le coffre à graines n'ayant pas besoin d'être mis de niveau dans les montées ou descentes, la vis de réglage à manivelle se trouve, de ce chef, supprimée ; c'est donc une grande simplification.

Les chambres de distribution contenant les cylindres cannelés sont à fond mobile formant ressort.

Le coffre est muni de vannes ou fermoirs destinés à fermer les orifices de distribution, et permettant de supprimer instantanément le nombre de rangs que l'on désire.

Les tubes de descente sont en ruban à spirale et avec joint à recouvrement ; ils sont plus solides que les tubes ordinaires et, en outre, flexibles dans tous les sens. Les entonnoirs portant ces tubes s'enlèvent et se remettent avec la plus extrême facilité. Le levier de relevage des socs, dont la manœuvre est très aisée, commande également l'embrayage.

L'écartement entre les socs peut être varié.

Les deux lignes des socs sont *très espacées* entre elles, ce qui évite les bourrages.

Le coffre à graines *se vide très facilement*, en le renversant vers l'avant, après avoir rabattu le crochet qui le maintient en place. Pendant ce renversement et par un dispositif très ingénieux, le couvercle se soulève de quelques centimètres du côté des charnières et laisse passer la graine, qui tombe dans une boîte spécialement disposée à cet effet et que l'on a, au préalable, accrochée au bâti ; la même boîte peut également recevoir les graines restées dans les chambres de distribution. On l'accroche, pour cela, en arrière du coffre après avoir enlevé les entonnoirs.

Le tirage se fait sur le bâti, laissant l'arrière-train en-

Fig. 35. — Semoir hongrois.

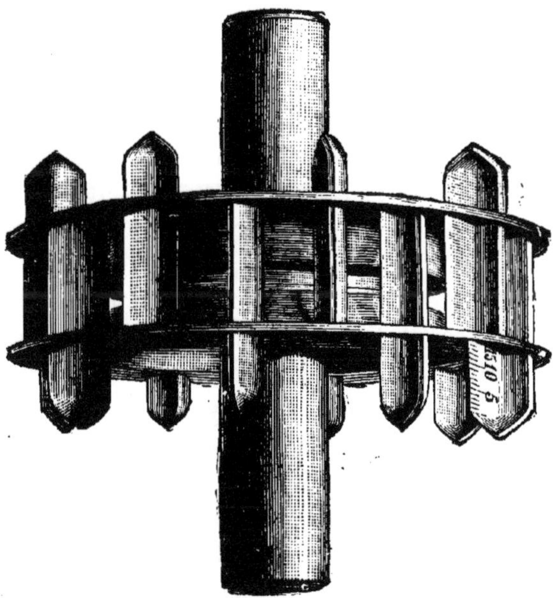

Fig. 36. — Distributeur du semoir hongrois.

tièrement libre. Le crochet d'attelage est muni d'un ressort amortisseur. Les roues, qui sont en bois, ont 1m26 de diamètre.

Dans le semoir Hongrois, de la maison Pilter, représenté fig. 35 et 36, les socs distributeurs ont une forme qui permet de semer la graine à la bonne profondeur.

On peut varier l'écartement, les leviers supportant ces socs étant fixés entre deux fers à coulisse.

Les tubes conducteurs sont en tôle d'acier à spirale, d'une durée illimitée et peuvent être retirés et remis en place instantanément.

Quand on désire changer de semence, on peut ouvrir et vider tous les compartiments en même temps au moyen d'un levier spécial.

L'avant-train à deux roues du semoir permet de diriger l'instrument en ligne absolument droite. Le levier permet au conducteur de se tenir à droite ou à gauche de l'instrument et est proportionné de façon à ce que l'effort nécessaire pour guider les roues ne soit presque pas appréciable, même en passant sur un terrain inégal et couvert de mottes. On peut également conduire cet avant-train de derrière l'instrument en employant un levier spécial.

Dans ce système, la distribution des graines présente également des particularités de simplicité qui méritent de fixer l'attention.

La distribution se fait au moyen de cuillers, dont la longueur, — et par conséquent la quantité de graine distribuée — peut être modifiée avec un écrou qui se trouve au bout de l'arbre distributeur; une des cuillers est graduée, et en la réglant, on règle toutes les autres. Arrivé au bout du champ, si l'on n'a à distribuer que la moitié de la largeur du semoir, on peut, en fermant les petites portes, empêcher la distribution de se faire sur un ou plusieurs socs.

Avec le semoir Hongrois, il n'y a pas besoin de changer d'engrenage suivant la quantité que l'on désire semer. Ce qui constitue une grande simplification.

Pour certaines graines qui doivent être distribuées très lentement, il suffit de retourner un des engrenages.

La fig. 36 montre la disposition des cuillers et la manière excessivement simple de varier la grandeur de chacune. On remarque la cuiller graduée à gauche et la position des graines tombant d'une autre cuiller à droite. Le plus ou moins d'écartement des deux disques agrandit ou diminue les cuillers.

Dans le semoir « Le Gaulois, » de MM. Rigault et Cie (fig. 37), les distributeurs ont la forme de cylindres cannelés, par lesquels toutes sortes de graines peuvent être semées avec la plus grande exactitude. La vitesse de rotation est toujours la même et, pour modifier les quantités à semer, il n'y a aucun engrenage à changer, mais seulement un levier indicateur à mouvoir sur un cadran gradué pour donner plus ou moins d'ouverture aux distributeurs.

Des vannes permettent d'arrêter l'arrivée de la semence, et de mettre ainsi hors de travail le nombre voulu de rangs.

La distribution se fait toujours régulièrement, sans qu'il soit besoin de faire varier la position de la caisse, quand on travaille dans des terrains accidentés.

Le levier de relevage des socs est placé, non au milieu, mais à une des extrémités de la trémie. Par une simple manœuvre de ce levier, on opère simultanément l'abaissement des socs et l'embrayage, de sorte que l'alimentation commence, dès que les socs posent à terre.

Les roues ont un diamètre de 1m30 et les tubes conducteurs du grain sont en acier, enroulé en spirale ; ils sont très flexibles. Les engrenages sont couverts.

La trémie est de grande capacité et beaucoup moins élevée que dans tout autre semoir, ce qui donne aisance

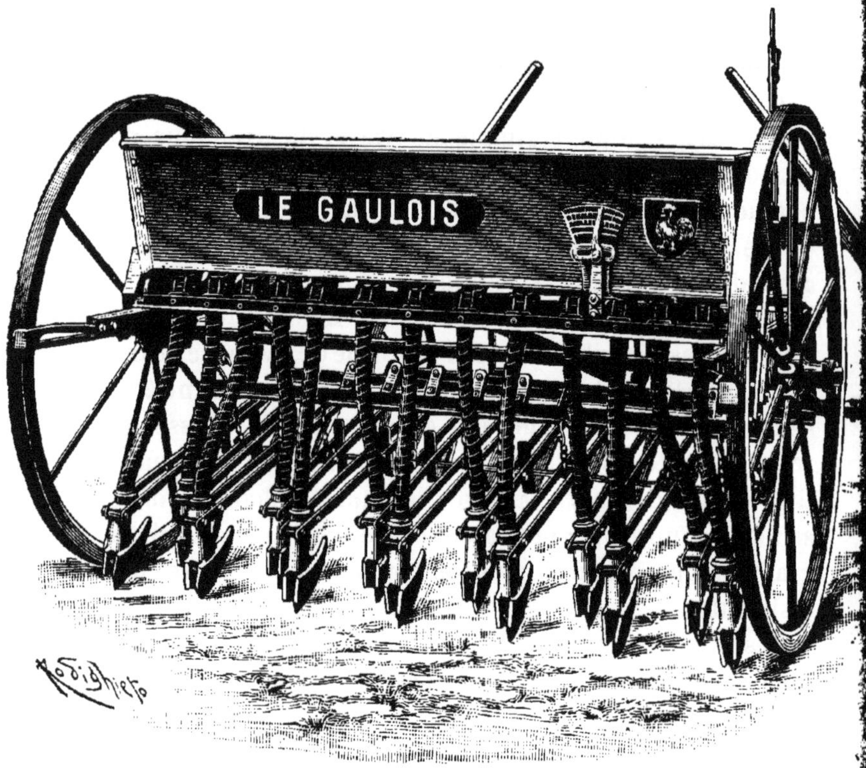

Fig. 37. — Semoir « Le Gaulois ».

pour le chargement. Pour la vider, on enlève d'abord la règle des tubes conducteurs, et après avoir desserré les deux écrous qui la maintiennent par devant, on la renverse en arrière. Une bâche fixée au couvercle la garantit de la pluie, ainsi que les entonnoirs.

Leviers porte-socs. — Les leviers porte-socs,

formés de deux barres assemblées, sont guidés vers le milieu de façon à toujours tenir les socs *parfaitement en lignes parallèles*. Il suffit de desserrer les brides qui les maintiennent pour les faire coulisser et les fixer à tout écart que l'on désire. On peut les charger de poids pour obtenir l'enterrage plus profond des socs.

Agitateur. — Un agitateur oscillant est disposé dans le fond de la trémie pour faciliter la descente des grains légers et encombrants qui ne coulent pas régulièrement tels que les blés sulfatés, certaines avoines et les graines de betteraves. Il s'enlève très facilement dans le cas où on ne veut pas en faire usage; il est supérieur à tous les agitateurs rotatifs.

Avant-Train. — Après des essais comparatifs, nous avons adopté un avant-train à deux roues rapprochées qui est de beaucoup plus facile à diriger que celui à deux roues écartées. Un enfant peut le conduire sans crainte de la moindre déviation.

Cependant, sur demande expresse, l'instrument pourra être livré avec avant-train à deux roues écartées, sauf celui à 9 rangs qui est livré avec avant-train à une seule roue.

Attelage. — L'appareil de tirage a son point d'attache entre l'avant-train et l'essieu. Le point de traction ainsi reporté en arrière, l'avant-train est poussé par la machine et par conséquent plus facile à diriger que si le tirage se faisait directement sur l'avant-train.

Traction. — La traction est plus légère que pour aucun autre système de semoir d'égale capacité. Un semoir de 15 rangs peut être conduit par deux chevaux.

Dans les semoirs à la volée, ainsi que nous l'avons vu, les tubes ne s'enfoncent plus dans le sol. Ces semoirs sont en général beaucoup plus larges.

Un des plus récents systèmes est le « Tout-Pareil », de

M. Hurtu, semoir à cuillères qui déversent les grains dans des godets d'où elles passent dans la boîte à distribution qui les laisse tomber uniformément sur le sol.

Avec ce semoir (fig. 38) on peut semer également les petites graines, telles que luzerne, trèfle, minette, etc. il suffit de retourner l'appareil distributeur.

Fig. 38. — Semoir le « Tout-Pareil. »

Un seul homme et un petit cheval suffisent pour le faire manœuvrer.

Enfin, mentionnons, pour terminer, le semoir en lignes « le Pratique » de MM. Huard (fig. 39), qui se distingue :

Par son bâti entièrement métallique, par conséquent inusable.

Les socs sont indépendants les uns des autres et réglables à volonté en tous sens.

Les boîtes de distribution sont placées au-dessous de la caisse du semoir dont le fond est percé d'orifices assez larges, formant eux-mêmes comme la base d'une petite trémie indépendante, alimentant chacune des chambres de distribution.

Il en résulte que le poids seul du grain et les trépida-

Fig. 39. — Semoir « Le Pratique. »

tions de la marche forcent le grain, quel qu'il soit, à se présenter à l'orifice de distribution.

Un agitateur remue sans cesse les graines.

Des trappes, coulissant dans une position horizontale, ouvrent et ferment à volonté chacune des chambres de distribution.

Au-dessous de chaque chambre un entonnoir sert de réceptacle au grain distribué et le conduit aux tubes qui le répandent sur le sol.

Enfin, on peut débrayer instantanément le mouvement avec un levier placé sous la main ; l'outil peut alors être tourné au bout des rangs et repartir sans arrêt et sans perte de grain.

Semoirs à engrais. — Les « Distributeurs, » ou semoirs à engrais, reposent sur le même principe que les semoirs à grains; mais, comme leur nom l'indique, ils servent à l'épandage uniforme des engrais pulvérulents.

Il existe également un grand nombre de modèles de ces appareils et nous ne saurions même ici les énumérer tous. Un des meilleurs est sans contredit le distributeur « Rigault » (fig. 40 et 41), qui donne un débit d'une exactitude mathématique et convient surtout pour les engrais riches, à semer à faible quantité.

L'épandage se fait d'une façon *absolument régulière*, quelleque soit la nature des engrais, secs ou humides. Le contenu de la caisse n'étant touché que superficiellement, il n'y a *aucun malaxage*, et, par suite, il ne se forme *ni mottes, ni galettes*. La caisse contenant l'engrais est fixe, et le hérisson qui tourne au-dessus de cette caisse descend au fur et à mesure qu'il jette l'engrais au dehors. La quantité à semer à l'hectare dépend donc de la descente plus ou moins rapide du hérisson. Ce mouvement de descente est réglé par le moyen d'un système d'engrenages extrêmement simple, représenté figure 41. Dans tous les distributeurs actuellement en usage, le débit est réglé par des combinaisons d'engrenages et vis sans fin d'un montage trop compliqué, d'où il résulte beaucoup de temps perdu et très souvent des avaries.

Avec ce Distributeur, il suffit, pour varier le débit, de placer le levier à fourche n° 30 (fig. 41) dans l'un des crans indiquant le nombre de litres correspondant, depuis *105 litres jusqu'à 500 litres à l'hectare*. Si l'on désire semer de plus grandes quantités, on n'a qu'à remplacer

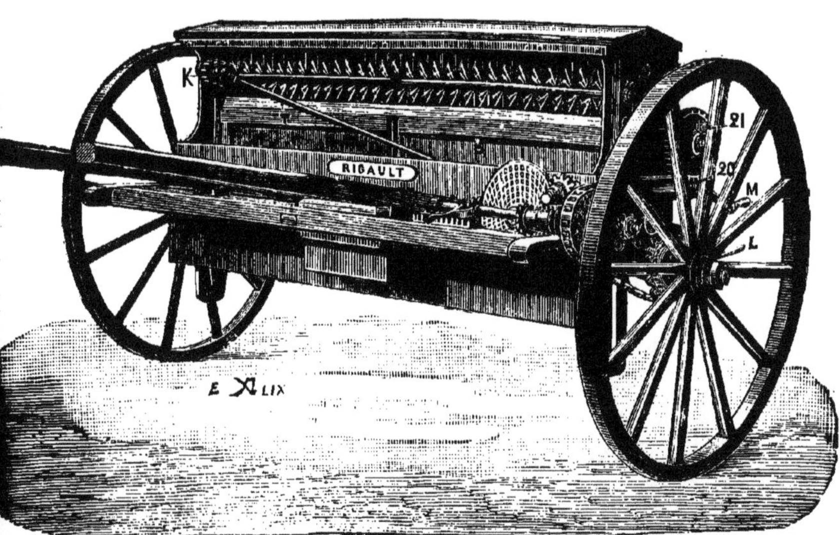

Fig. 40. — Semoir à engrais.

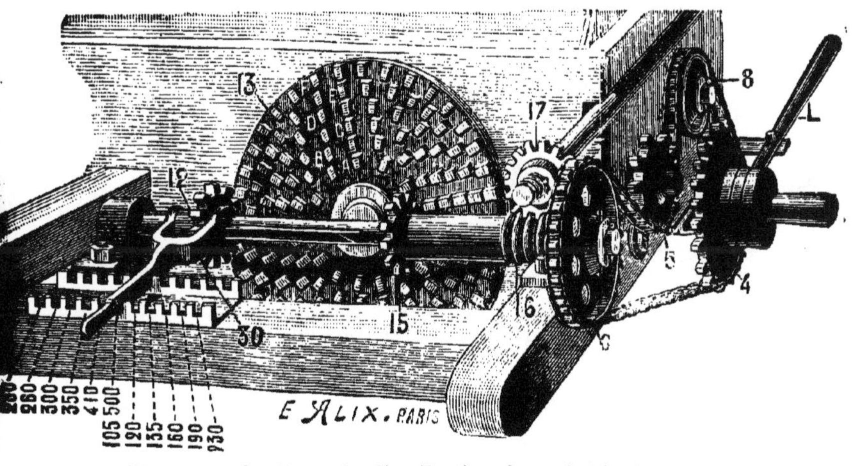

Fig. 41. — Système de distribution du précédent.

la roue n° 6 de 18 dents (fig. 41) par une roue de 6 dents, et toutes les quantités inscrites sont triplées, soit *de*

315 litres à 1,500 litres à l'hectare. Cette combinaison *simple et pratique* fait l'admiration de tous ceux qui connaissent les inconvénients d'un mécanisme compliqué dans les mains des ouvriers inexpérimentés.

La parfaite exactitude du débit permet de semer avec cet instrument l'orge et l'avoine à la volée.

Fig. 42. — Semoir à graines et à engrais pulvérulents de Hornsby.

La descente du hérisson ne nécessite *aucun effort,* et il en résulte qu'un cheval suffit amplement pour mener le grand modèle de 2 m. 50 sans la moindre fatigue. La caisse du n° 1 (largeur 2 mètres) contient 150 litres, et celle du n° 2 (largeur 2 m. 50) contient 190 litres. Les roues ont un diamètre de 1 m. 30, *et l'essieu va d'un bout à l'autre de la machine*, ce qui assure une très grande solidité et une stabilité absolue. Le hérisson est à charnières, et se relève facilement, laissant la caisse libre pour l'emplir, la vider et la nettoyer avec aisance.

Semoirs mixtes. — On a cherché à combiner le

Fig. 43. — Distribution d'engrais liquides.

semoir à engrais pulvérulents et le semoir à graines en enfouissant l'engrais d'abord à une assez grande profondeur, le recouvrant ensuite de terre, puis dans la raie seulement comblée en partie, le grain qui est recouvert en même temps. Tel est le semoir Hornsby (fig. 42).

Distributeurs d'engrais liquides. — Quoique les

tonneaux arroseurs, ou distributeurs de purins, reposent sur un tout autre principe que les appareils précédents, nous croyons utile d'en parler dans ce chapitre.

Ces appareils sont formés d'un simple tonneau, en bois ou en tôle, posé sur un train de deux roues. Sur le fond opposé au brancard, et à la partie inférieure, se trouve un robinet qui débouche sur une planchette ou sur une palette mobile qui brise le jet; dans l'un et l'autre cas, le liquide est distribué en nappe.

La contenance de ces tonneaux varie entre 100 et 1,000 litres. Quelques systèmes sont munis d'une pompe pour le remplissage. Le tonneau arroseur représenté figure 43 est muni d'un robinet épandeur à palette mobile brisant le jet et le transformant en pluie. En faisant tomber la palette, on a un robinet ordinaire.

CHAPITRE V

HOUES

On désigne souvent sous le nom de *houe à bras* une variété de bêche servant à labourer les jardins.

Mais l'appellation de *houe à cheval* convient à un instrument tout différent, qui est utilisé pour biner les terres ensemencées en lignes au moyen du semoir.

Ce sont des sortes de scarificateurs, qui servent à aérer le sol entre les lignes et à enlever les mauvaises herbes.

Houe à cheval de Dombasle. — Cette machine (fig. 44) est composée d'un âge, qui porte à l'une de ses extrémités le régulateur, et à l'autre extrémité les mancherons.

Vers l'extrémité antérieure de l'âge sont attachées, par des charnières, les ailes, qui portent à leur partie inférieure les pièces travaillantes. Ces ailes peuvent s'écarter ou se rapprocher à volonté, de sorte que la houe peut servir pour les lignes plus ou moins écartées.

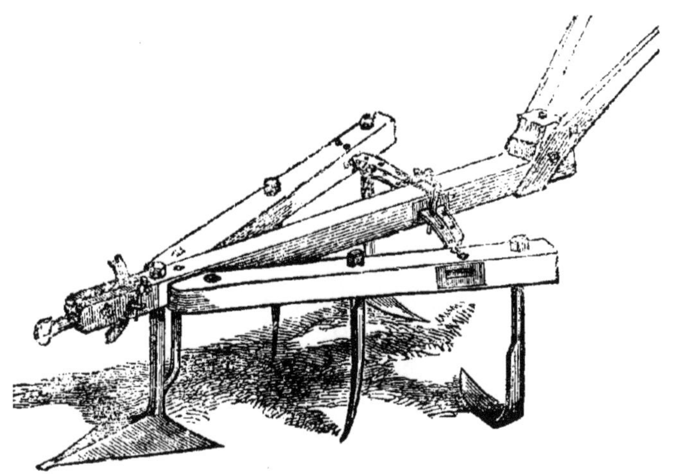

Fig. 44. — Houe à cheval de Dombasle.

Les pièces travaillantes sont au nombre de cinq, savoir : un soc triangulaire placé en avant sous l'âge, puis deux pièces en forme de coutre, enfin deux autres couteaux recourbés en forme d'équerre ; les pointes en sont dirigées vers l'intérieur de l'instrument.

Cet instrument est attelé d'un seul cheval, qui doit marcher entre les lignes de plantes. L'ouvrier le conduit par les guides.

Houe Bajac. — La houe Bajac est beaucoup plus perfectionnée. Dans cet instrument, la double barre

Fig. 45. — Houe Bajac.

Fig. 46. — Semoirs à graines avec bineuse pour recevoir la semence.

évite toute espèce d'engorgement et donne une certaine assise aux couteaux de binage. Les parties travaillantes se déplacent à volonté suivant l'écartement des semis et tout ce système est mobile instantanément pendant le travail (fig. 45).

Pour démonter ces rosettes, il suffit de desserrer un boulon.

La figure 46 représente un semoir à graines suivi d'une houe bineuse pour recouvrir les semences. Cet instrument n'est plus guère employé depuis qu'on fait usage des semoirs perfectionnés qui placent d'eux-mêmes la semence à la profondeur voulue.

CHAPITRE VI

FAUCHEUSES

La fauchaison des herbes des prairies naturelles ou artificielles, qui doivent donner le foin, s'exécute soit avec des instruments à main, soit avec des machines attelées ou faucheuses.

Parmi les premiers, il faut citer la faucille et la faux. La *faucille* est constituée par une lame métallique recourbée en forme de croissant, dont le tranchant est uni ou légèrement dentelé. Cette lame est fixée à une poignée en bois.

La coupe des végétaux avec cet instrument est excessivement lente.

La *faux* peut être considérée comme intermédiaire entre la faucille et la faucheuse.

Elle est formée d'une lame recourbée munie d'une *queue*, qui sert à la fixer, à l'aide d'une virole, à un manche droit, ou légèrement courbé ayant une ou deux poignées. L'angle formé par la lame et le manche est plus ou moins ouvert, selon que la résistance à vaincre est plus ou moins forte. Pour augmenter le mordant de la faux, on bat son tranchant à froid avec un marteau, sur une petite enclume.

Faucheuses mécaniques. — D'invention relativement récente, leur emploi, dit M. J. Danguy, ne s'est généralisé en France que depuis vingt-cinq ans environ. Elles permettent de faire rapidement et en temps opportun le fauchage du foin, dispensant l'exploitant de se procurer un personnel nombreux et difficile à réunir.

« Toute faucheuse comprend un organe coupeur mis en mouvement par les roues supportant l'appareil ; l'ensemble est traîné par un ou deux animaux (bœufs ou chevaux) attelés à une flèche ou à des brancards. L'organe coupeur est formé de deux parties, l'une fixe appelée porte-lame, l'autre mobile appelée scie. La scie est constituée par une série de dents triangulaires affutées sur les deux bouts et rivées à une tringle en acier terminée par un œil ou un bouton auquel s'articule la bielle chargée de produire le mouvement de va-et-vient. Elle doit faire dix ou douze coups doubles par mètre parcouru par la machine, la course variant entre 7 et 9 centimètres. Pour les faucheuses traînées par des bœufs, il faut augmenter la vitesse des engrenages. La partie fixe comprend une série de doigts formant peigne et servant de point d'appui aux dents de la scie pour couper la récolte. Ces doigts, primitivement en fonte, et par suite cassants, sont maintenant en acier ; ils sont fixés au porte-lame, et leurs pointes doivent être légèrement relevées.

L'appareil coupeur, porte-lame et scie, est placé parallèlement à l'essieu, en avant ou en arrière. Il se relève verticalement pour réduire la largeur de la machine pendant les transports, quelquefois même il se rabat complètement. En fonctionnant, il est soutenu, d'un côté par une roulette réglable, de l'autre par une roulette et par une chaîne reliée au bâti, ensemble qui permet de faire varier la hauteur de coupe et de soulever la lame en cas d'obstacle.

Le bâti, généralement métallique, est porté par deux roues en fonte, rarement une, car il faut alors équilibrer parfaitement la machine. Ces roues, garnies d'aspérités afin d'augmenter l'adhérence, commandent la transmission. La transmission peut être faite par une série d'engrenages de petits diamètres et qui, par suite, peuvent être facilement protégés contre les chocs et les poussières, ou au contraire, les roues peuvent porter une grande couronne dentée, commandant par deux pignons un arbre intermédiaire, disposition moins répandue et plus difficile à protéger. Un débrayage permet d'interrompre la communication du mouvement. Toutes les faucheuses sont en outre pourvues d'un siège et de leviers permettant de relever et d'incliner plus ou moins l'appareil coupeur. Une faucheuse à deux chevaux peut couper de 3 à 5 hectares par jour, et le travail mécanique dépensé pour faucher un mètre carré varie entre 75 et 125 kmq. »

Parmi les faucheuses les plus répandues, nous devons citer celles qui suivent :

Faucheuse « Brandford » Massey-Harris. — Cette faucheuse (fig. 47) est une des plus légères. Elle offre, en outre, un grand écartement de roues et un nouveau système de pédale de hausse qui permet de relever la barre coupeuse à l'intérieur, à l'extérieur ou entièrement, à volonté, et facilite beaucoup la conduite de la machine dans les terrains difficiles ou accidentés. Cette pédale ne nécessite qu'une faible pression du pied pour lever la barre coupeuse. La largeur de coupe, pour la faucheuse Brandford à deux chevaux, est de 1 m. 35. Pour le modèle à un cheval la largeur de coupe est de 1 m. 05; elle convient donc très bien pour les petites exploitations et les champs plantés d'arbres.

Fig. 47. — Faucheuse Brandford.

Fig. 48. — Faucheuse Wood.

Faucheuse Wood. — Il existe également deux modèles de cette faucheuse, l'un à un cheval, l'autre à deux chevaux, ou deux bœufs fig. 48).

Dans la faucheuse Wood « acier », cette dernière dénomination n'est pas un vain mot. Toutes les parties de

Fig. 49. — Faucheuse « Excelsior. »

cette faucheuse, pour l'établissement desquelles il y a avantage à employer l'acier, sont fabriquées en cette matière. Les roues sont particulièrement solides.

Le conducteur a sous la main un levier pour relever la barre et un autre pour en varier l'inclinaison.

La vitesse de la lame est calculée de façon à donner une coupe rase et aussi nette, aussi bien avec le pas lent des bœufs qu'avec le pas rapide des chevaux.

La bielle, qui est très longue, est protégée par une barre en acier. Les engrenages sont réunis dans une boîte qui les préserve absolument de la poussière. Les principales portées ont des coussinets à rouleau qui réduisent beaucoup les frottements et facilitent la traction.

Le tirage ne se fait pas par le timon, mais au moyen d'une tringle en acier qui s'accroche d'une part au palonnier et d'autre part au bâti même : le point de traction se trouve donc immédiatement au-dessus des organes de la machine où se fait l'effort pendant le travail.

Faucheuse « l'Excelsior » Rigault et Cie. — Dans ce type (fig. 49), le roues ne portent aucun engrenage; il est donc facile avec elle de passer dans les mauvais chemins.

Les engrenages sont renfermés dans une boîte, à l'abri de la boue et de la poussière. Le mouvement étant pris directement sur l'essieu, aucun organe ne fonctionne lorsque la machine est débrayée, et elle roule comme une voiture ordinaire. La bielle est garnie de coussinets en bronze et articulée à ses deux extrémités.

Un levier, bien à portée du conducteur, permet, sans arrêter l'attelage, de relever légèrement la pointe des dents quand on travaille dans des terrains pierreux, et aussi de la rapprocher de terre pour couper les fourrages versés.

La barre coupeuse est munie de quatre pattes contre lesquelles la scie glisse; elles évitent l'usure du porte-lame et sont d'un remplacement facile.

L'essieu n'est altéré par aucun trou de goupille, et il porte une rainure dans laquelle l'huile peut circuler, ce qui assure un graissage régulier.

La largeur de coupe est de 1 m. 27.

Dans la faucheuse Rigault, le doigt forcé de la barre coupeuse est particulièrement remarquable.

Ce doigt, formé d'abord d'une pièce de métal brut

Fig. 50. — Doigt forcé de la barre coupeuse.

(fig. 50), est martelé pour lui donner la forme convenable, et pour laisser à la rainure toute la netteté nécessaire ; elle est entaillée à froid. Les bords de la rainure sont bien trempés pour conserver une grande du-

Fig. 51. — Faucheuse « Albion. »

reté aux angles formant ciseaux, et l'intérieur du métal reste malléable et nerveux pour résister aux chocs.

Faucheuse « Albion. » — Cette machine (fig. 51 a été construite spécialement pour permettre aux agriculteurs d'employer indistinctement des chevaux et des bœufs, et de pouvoir couper avec la même facilité les prairies artificielles ou récoltes légères, les prairies naturelles difficiles du Midi et les lourdes récoltes de toutes sortes. La vitesse de la lame peut être changée à la volonté du conducteur et sans aucun démontage, ce qui permet d'obtenir une vitesse en rapport avec la récolte, et la traction est toujours proportionnée au travail. La barre-coupeuse est reliée au bâti par une chaînure à double effet; elle s'adapte à toutes les ondulations du terrain.

CHAPITRE VII

FANEUSES ET RATEAUX A CHEVAL

Faneuses. — Il ne suffit pas de couper l'herbe, il faut encore la transformer en *foin* en la remuant convenablement; tel est le but des faneuses, dont le travail complète tout naturellement celui des faucheuses.

« Le principal avantage qu'on retire de l'emploi des faneuses, dit M. Ringelmann, consiste dans la promptitude du travail, qui permet de mettre la récolte à l'abri des intempéries et d'utiliser le moment favorable. Les faneuses se composent en principe d'une série de fourches animées d'un mouvement circulaire continu et de mouvements alternatifs. »

Faneuse « Simplex. » — La faneuse « Simplex » de M. Pilter (fig. 52) possède deux mouvements : un en avant pour bien tourmenter le foin, et un en arrière pour le soulever seulement, afin de laisser pénétrer l'air pour le séchage. Le capuchon en tôle est une innovation très utile : il empêche le foin de s'entasser sur le dos du

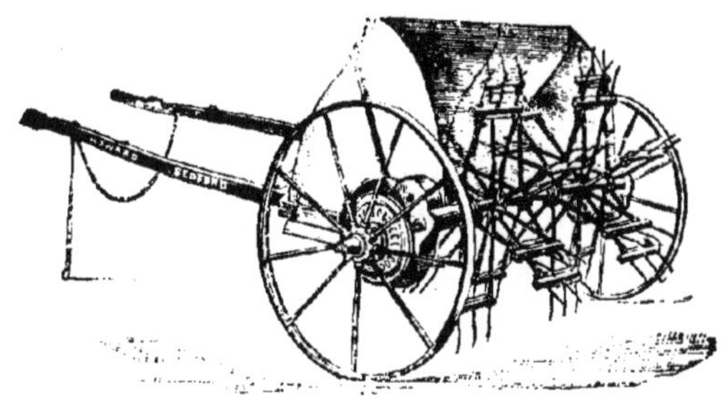

Fig. 52. — Faneuse « simplex. »

Fig. 53. — Faneuse Massey-Harris.

cheval ou sur les roues et, en outre, il aide beaucoup au fanage, par suite du courant d'air qu'il permet d'obtenir.

Faneuse Massey-Harris. — Cette faneuse (fig. 53), construite en acier, est à la fois très solide et d'une grande légèreté. Le bâti est en acier à cornière. Les deux arbres-vilebrequins portant les fourches sont réunis par un manchon et tournent d'une seule pièce, la commande se faisant au centre par une chaîne. Ce système assure aux fourches un travail alternatif, c'est-à-dire qu'il ne s'en trouve jamais plus d'une attaquant le foin à la fois.

Cette faneuse est munie d'un levier d'embrayage et de débrayage, et en outre d'un levier de réglage permettant d'éloigner ou de rapprocher les fourches du sol, et aussi de les relever complètement. Les fourches en acier et à trois dents sont munies d'un système d'articulation perfectionné, avec ressort à boudin pour amortir les chocs. Deux forts ressorts à boudin sont également disposés, dans le même but, à l'avant du bâti sur les attaches des brancards.

Râteaux à cheval. — L'herbe étant fanée, il faut la rassembler en andains, permettant au fourrage de supporter une forte rosée, ou même la pluie, ou bien la préparation d'un nouveau fanage. Tel est le but du râtelage. Cette opération peut être exécutée avec des râteaux à main, mais alors elle est très lente; aussi emploie-t-on aujourd'hui les râteaux à cheval, qui sont devenus les compléments indispensables des faucheuses et des faneuses. Ils permettent, en effet, d'achever le travail du fanage avec rapidité et économie.

La construction des premiers râteaux à cheval, dit M. H. Sagnier, remonte au commencement du dix-neuvième siècle. Employés d'abord dans quelques parties de l'Angleterre, puis en Écosse et en Amérique, ils se propagèrent surtout depuis une soixantaine d'années.

« Il en existe un grand nombre de modèles, qui ont le même aspect général : un essieu, monté sur deux roues assez hautes, porte un râteau à longues dents recourbées, qui peuvent tourner autour de la pièce sur laquelle elles sont assemblées ; ces dents, dont l'extrémité porte sur le sol, sont indépendantes les unes des autres, et elles retombent par leur propre poids, lorsqu'elles ont été soulevées par un obstacle du terrain ; on peut, par un mécanisme différant suivant les modèles, soulever toutes les dents à la fois, et les faire remonter à une hauteur suffisante pour les dégager des herbes qu'elles ont ramassées.

Le bâti des râteaux à cheval est construit aujourd'hui à peu près exclusivement en fer ; les roues, à grand diamètre (1 m. 30 à 1 m. 50), sont également en fer. Les dents sont en fer, ou mieux en acier ; ces dernières sont plus légères et plus souples ; elles sont montées, sur la traverse qui les porte, par des bagues ou des colliers à écrou, de telle sorte que leur extrémité inférieure soit tangente au sol. En avant du bâti est ajusté un brancard pour le cheval ; au-dessus du bâti, est placé, le plus souvent, un siège pour le conducteur. »

Râteau « Le Tigre » Frost et Wood. — Cet instrument est regardé comme un des bons râteaux automatiques.

Facile à manœuvrer, ne demandant qu'un faible effort de la part de l'attelage, composé en outre de pièces très solides, il est pourvu d'un essieu d'acier.

Le levier à ressort rend des services inappréciables. Par lui, le râteau Frost et Wood permet la transformation de l'enlèvement à bras en enlèvement au pied. L'opération s'accomplit aussi bien avec le pied qu'avec le bras ou les deux ensemble.

Par un dispositif très ingénieux, enfants ou adultes ont l'avantage de pouvoir régler la hauteur du siège à leur convenance.

Râteau « Le Coq » de Rigault et Cie. — Dans ce modèle, également très apprécié (fig. 54), les pièces fixées sur l'essieu sont en acier coulé, et la plupart des autres pièces sont en fonte malléable et en fer, alors que dans beaucoup de systèmes, la fonte ordinaire seule est employée.

Les dents en acier ont la section en I et ne se déforment jamais en travail normal.

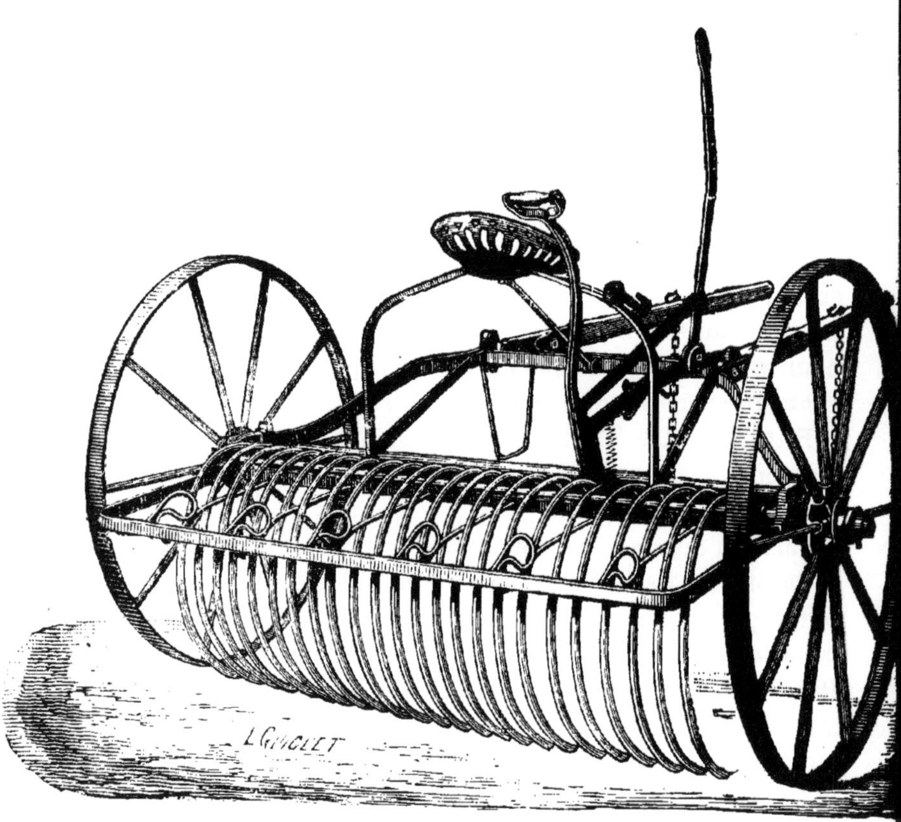

Fig. 54. — Râteau « Le Coq » de MM. Rigault et C°.

La manœuvre est d'une très grande simplicité ; un cliquet engrène sur le moyeu de chaque roue et on peut faire lever les dents automatiquement même en tournant.

Le conducteur peut à volonté, étant assis sur le siège, faire lever les dents, soit au pied en appuyant sur la pédale, soit à la main en tirant légèrement le levier placé devant lui ; dans ces deux cas, le levier *conserve toujours sa position verticale sans jamais revenir sur le conducteur.*

Ce levier ne se rabat en arrière que pour tenir les dents suspendues au moyen d'un crochet fixé sur le support de siège, quand on voyage sur les routes. Avec le levier d'arrière on peut également décharger les dents automatiquement, si le conducteur préfère suivre l'instrument.

Râteleuse. — Quelquefois, mais plus rarement, on emploie le râteau à cheval américain primitif ou râteleuse, en le garnissant de claies verticales sur trois faces seulement, de manière à former deux caisses ouvertes qui se garnissent de fourrages, lorsque l'on promène sur le sol de la prairie ce double râteau ainsi garni.

La râteleuse « Pierce » est construite en acier étiré spécialement et très rigide. La manœuvre est aussi facile que celle du râteau avec roue ; le travail est à peu près le même, mais l'instrument coûte bien moins cher que le râteau proprement dit. Toutefois les râteleuses sont peu employées en France.

Travail des râteaux. — Les râteaux, outre le ramassage des foins, dit M. Ringelmann, peuvent être employés à glaner les champs de céréales, à ramasser les feuilles en automne, etc.

Le râteau exige un cheval et un conducteur; il peut, suivant sa largeur, travailler sur 4 à 8 hectares.

Un râteau fournit amplement au service d'une faucheuse; pour trois faucheuses, il suffit d'avoir deux râteaux à cheval.

Presses à fourrages. — Les presses à fourrages

sont des instruments qui servent à comprimer le foin, de manière à réduire son volume et à rendre son transport plus facile.

La figure 55 représente une presse à bras, faisant des balles de 100 kilogrammes environ, de dimensions :

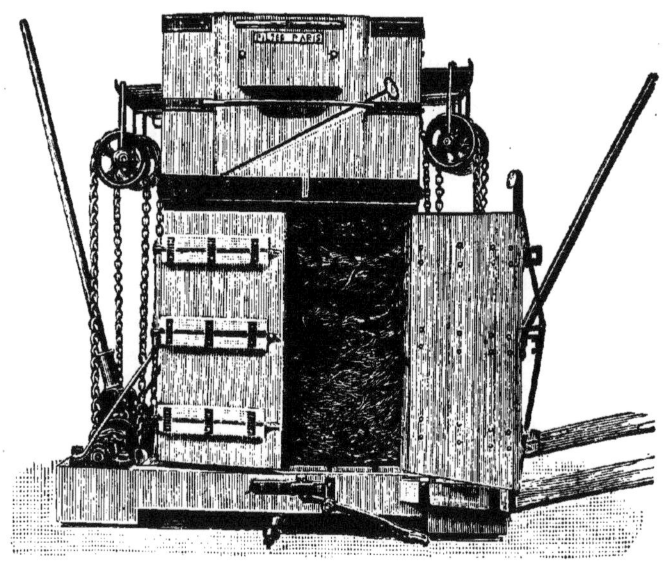

Fig. 55. — Presse à bras.

0 m. 70 × 0 m. 70 × 1 m. 04 ; les dimensions intérieures de la caisse sont de 0 m. 70 × 1 m. 04 × 1 m. 85.

La presse (fig. 56) adoptée par le ministère de la Guerre fait des balles de forme cylindrique, qui sont plus facilement transportables, puisqu'elles peuvent être roulées comme des tonneaux. L'arrimage dans les magasins est plus rapide, les balles s'entassant d'elles-mêmes. C'est un appareil très recommandable, mais dont le prix est trop élevé pour la petite et la moyenne culture. C'est là son seul défaut.

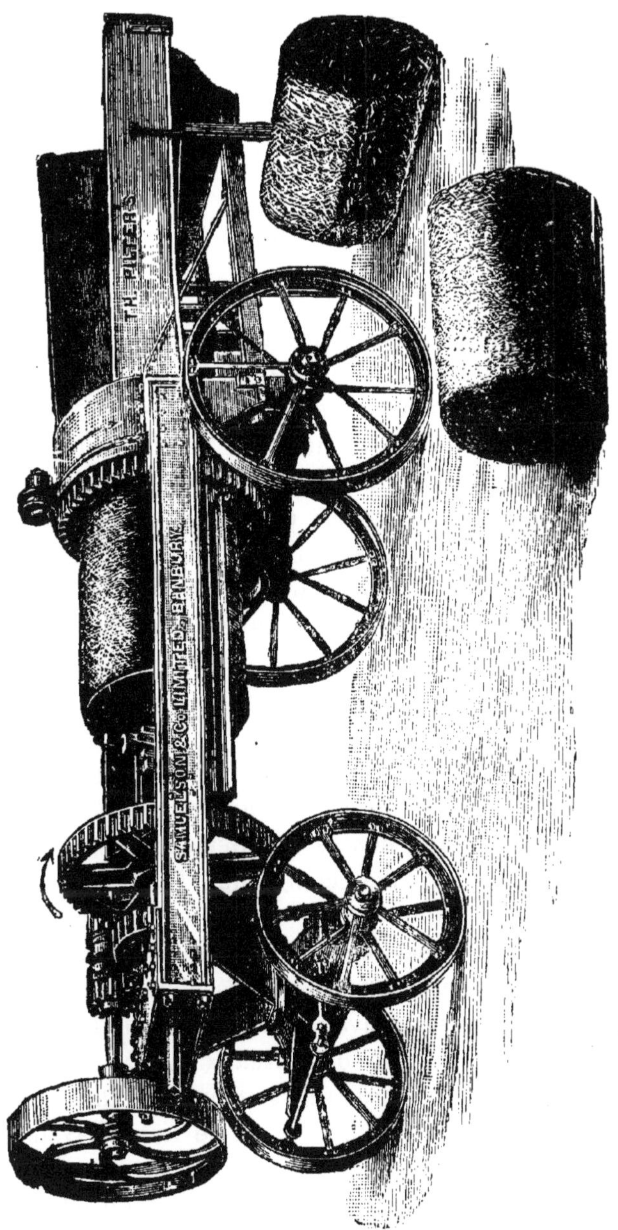

Fig. 56. — Presse à grand travail.

CHAPITRE VIII

MOISSONNEUSES

Les moissonneuses, machines à traction animale servant à la récolte des céréales, ont été inventées en Angleterre vers 1780; mais elles étaient alors très imparfaites et c'est en réalité l'américain Mac-Cormick qui a trouvé, en 1831, le principe qui a servi à la construction des moissonneuses modernes, dont il existe d'ailleurs, à l'heure actuelle, un grand nombre de systèmes.

Elles peuvent être divisées en trois classes :

1° Les faucheuses-moissonneuses simples, qui ne font pas la javelle ;

2° Les moissonneuses-javeleuses ;

3° Les moissonneuses-lieuses.

Principe. — Dans tous les cas, la machine se compose d'un bâti porté par une large roue, de 0 m. 80 à 1 mètre de diamètre, dentée à l'intérieur et engrenant avec un pignon. Ce dernier commande d'abord le mouvement d'une scie, montée sur un porte-lame formé de dents de peigne creuses, dans lesquelles elle effectue un mouvement de va-et-vient; ces dents divisent la masse des tiges, et l'appareil, suivant la remarque de M. J. Lefèvre, fonctionne comme des ciseaux ayant une seule branche mobile. Derrière la scie se trouve un tablier sur lequel tombent les tiges coupées et se fait le javelage, soit à la main, soit automatiquement. Le bord extérieur du tablier repose sur une petite roue. Le pignon actionne également une lame ou une couronne, qui commande les râteaux javeleurs. Le siège du conducteur est placé, pour faciliter l'équilibre, du côté du bâti opposé à la scie ; le conducteur peut, à l'aide de leviers, embrayer et débrayer les divers organes et régler la marche de l'appareil.

Fig. 57. — Faucheuse munie de l'appareil à moissonner.

Les moissonneuses à deux chevaux peuvent couper sur une largeur de 1 m. 40 à 1 m. 60 ; celles à un cheval ne peuvent guère dépasser 1 mètre. La hauteur du chaume peut varier, à volonté, de 5 à 30 centimètres.

Faucheuses-moissonneuses. — Ce sont en réalité de véritables faucheuses garnies d'un appareil à moissonner.

Ce dispositif trouve son emploi dans les exploitations agricoles où il y a une grande étendue en prairies, mais qui ne comportent que quelques hectares de céréales à moissonner ; ou bien encore, lorsque les céréales sont cultivées dans des champs parsemés de pommiers.

La figure 57 représente une faucheuse munie de l'appareil à moissonner, système Pilter.

On remarque deux sièges : un pour le conducteur de la faucheuse, l'autre pour un deuxième homme chargé de coucher les épis sur le tablier et de faire basculer ce dernier lorsque la javelle est complète. Cet homme a le pied droit placé sur une pédale qui permet de faire basculer, sans effort, le tablier mobile à jour, placé derrière la barre coupeuse. Avec le râteau, il incline légèrement les épis à couper, et, lorsqu'il y en a une assez grande quantité sur le tablier, il fait basculer ce dernier, et, sans aucune secousse, la javelle est déposée à terre. Le travail de cet ouvrier n'est nullement pénible, car il n'a pas besoin de se servir du râteau pour faire glisser la javelle sur le sol.

Moissonneuses-javeleuses. — Ce sont les plus répandues, et les systèmes sont fort nombreux. Dans tous, il y a lieu de distinguer : 1° L'appareil de coupe, ayant beaucoup d'analogie avec celui des faucheuses ; 2° l'appareil javeleur, qui prend son mouvement sur l'arbre de la roue porteuse, par l'intermédiaire d'un pignon.

Ce sont ces râteaux de l'appareil javeleur, qui caractérisent ces machines. Il y en a de deux sortes : les uns sont des *rabatteurs*, ils descendent verticalement devant la scie pour courber les tiges à son niveau, puis remontent aussitôt. Les autres tournent de manière à balayer horizontalement le tablier : ce sont les *javeleurs*. Dans beaucoup de systèmes, on peut, au moyen de pédales et de leviers, transformer presque instantanément, suivant les besoins, les rabatteurs en javeleurs ou inversement.

Moissonneuse « Albion ». C'est surtout depuis 1885

que cette machine s'est répandue en France; elle est surtout remarquable par sa simplicité et son bon fonctionnement. Le bâti (fig. 58) est presque entièrement construit en fonte malléable et en fer, et unit la légèreté et un agencement compact à la force et à la solidité.

Le levier d'embrayage est commodément placé à la droite du conducteur, et lorsque la machine est débrayée ou qu'elle voyage sur route, il n'y a que la roue motrice

Fig. 58. — Moissonneuse « Albion. »

qui tourne, tous les engrenages restent stationnaires ; le pignon d'embrayage étant dégagé, de la roue motrice, lui permet de tourner seule. Tous les engrenages sont bien abrités contre les corps étrangers et les dispositions pour le graissage sont des plus complètes, un godet spécial étant fixé à chaque coussinet.

Le levier d'inclinaison est placé bien à portée de la main du conducteur, et la machine est parfaitement équilibrée, de sorte que le cou des chevaux n'a à supporter aucun poids. En outre, le timon peut s'ajuster à la machine de manière à la disposer à la hauteur d'un cheval quelconque, indépendamment de l'appareil à incliner.

Les râteaux sont complètement sous le contrôle du conducteur et peuvent être disposés de manière à faire la javelle à la grosseur que l'on désire, en glissant le levier en face des numéros, sur la crémaillère du levier.

Le système est le suivant : Le n° 6 donne cinq rabatteurs et un javeleur; le n° 4, trois rabatteurs et un javeleur; le n° 3 donne deux rabatteurs et un javeleur; le n° 2 donne un rabatteur et un javeleur.

En agissant sur la pédale qui se trouve sous le pied du conducteur, tous les râteaux sont transformés en rabatteurs, chose nécessaire pour faire les coins ou les endroits où la récolte n'est pas forte. Pour rendre tous les râteaux javeleurs, il faut changer la baguette d'avant.

Remarquons pour finir que le tablier de cette machine est à charnière et peut être replié pour le transport.

Moissonneuse Wood. — Avec cette machine, que deux chevaux de force moyenne suffisent amplement à tirer (fig. 59), on peut couper et mettre en javelles, sans difficulté, cinq hectares de céréales par jour.

Le mécanisme est simple et la construction très robuste. Le tablier sur lequel tombe le blé, en attendant que les râteaux viennent le déposer à terre, se relève pour le transport de la machine sur les routes étroites et pour passer par les portes de fermes. Le conducteur peut, seul, relever le tablier en quelques minutes.

Voici une particularité très remarquable de cette machine. Elle a seulement quatre râteaux, et malgré cela, on peut les régler de façon à obtenir pendant le fonctionnement une javelle sur deux râteaux, une sur trois, une sur quatre, et même, une sur cinq. Et, pour cela, il suffit de placer le levier à proximité de la main droite dans un

Fig 59. — Moissonneuse Wood.

Fig. 60. — Moissonneuse « Victor. »

des crans numérotés. Le conducteur peut arriver au même résultat au moyen de la pédale placée sous son pied.

Il peut également, tout en restant assis sur le siège, embrayer et désembrayer la machine et incliner plus ou moins la barre coupeuse. Pour relever horizontalement la barre et le tablier, il existe un mécanisme spécial à côté de chaque roue.

Le travail effectué par la moissonneuse Wood est parfait. Elle est légère de traction, elle dépose d'une manière régulière les javelles derrière la machine et dégage bien la voie pour le passage des chevaux au tour suivant.

Moissonneuse « Victor ». — Cette machine (fig. 60) à 4 et à 5 râteaux, avec mouvement automatique de ceux-ci, est une des plus perfectionnées.

Voici ses principaux avantages :

Le conducteur peut toujours contrôler les mouvements et, à volonté, pointer les doigts, régler la grosseur des gerbes dans les récoltes inégales, changer les râteaux en rabatteurs, élever ou abaisser la barre coupeuse, et ceci sans arrêter la marche.

Le système automatique pour le mouvement des râteaux est sûr et ne manque jamais. Ces machines ont quatre ou cinq râteaux. Leur mécanisme est très ingénieux et très bien compris, le conducteur, suivant l'état des récoltes, obtient facilement 2, 3, 4 et 5 râteaux pour 1 javeleur. Il suffit simplement de placer un levier dans un des crans numérotés. Le même résultat s'obtient aussi au moyen d'une pédale sous les pieds du conducteur. Cette pédale est surtout employée pour conserver les javelles sur le tablier et pour faire les coins sans changer le mouvement automatique. La construction est très robuste et les matériaux employés sont les meilleurs. Tous les arbres tournent dans des coussinets en bronze qui sont de forme conique dans le bâti afin de pouvoir être remplacés facilement.

La barre coupeuse et le tablier peuvent être relevés afin de permettre à la machine de passer dans les chemins étroits.

Cette machine est à deux chevaux; la largeur de coupe est de 1 mètre 50.

Fig. 61. — Meule à aiguiser les scies.

Travail des moissonneuses. — De nombreuses recherches ont été faites sur le travail des moissonneuses. On comprend que les conditions atmosphériques, l'état de la récolte, la nature et la préparation du sol exercent une grande influence sur les résultats de ces observations ; on peut en dire autant de l'affutage des scies et du graissage des divers organes (1).

Les premières moissonneuses ne donnaient qu'un faible rendement. Aujourd'hui, le travail dépensé pour

(1) Il faut toujours avoir des scies de rechange, car une scie qui a servi pendant une heure est encrassée et doit être remplacée au bout de ce temps et on affute la première. Pour cela, on peut employer une meule à aiguiser comme celle représentée fig. 61 construite spécialement pour cet usage par la maison Picter.

moissonner avec ces machines varie entre 60 et 80 kilogrammètres par mètres carrés.

Pour montrer, fait remarquer à ce propos M. H. Sagnier, combien l'état de la récolte influe sur le travail, il suffit de rappeler que, pour une même machine, on a pu constater les différences suivantes : 43 kilogrammètres pour couper une récolte faible en terrain sec, 73 kilogrammètres pour couper une récolte faible en terrain humide, 83 kilogrammètres pour couper une récolte très forte en terrain sec.

De ces données, il résulte que le travail nécessaire pour couper la récolte d'un hectare varie entre 600.000 et 850.000 kilogrammètres, le chiffre le plus élevé correspond aux récoltes fortes.

Avec deux chevaux, on peut, au moyen de ces machines, moissonner 3 hectares par jour ; avec une moissonneuse à un cheval on peut faire 2 hectares ou 2 hectares et demi.

Moissonneuses-lieuses. — Les moissonneuses-lieuses n'ont pas d'appareil de javelage. Du côté gauche, où se fait le sciage, les tiges coupées sont amenées par des toiles sans fin, au côté droit où s'effectue le liage.

« Le tablier rigide et cintré des moissonneuses ordinaires est remplacé par un tablier rectangulaire mobile, formé par une toile sans fin tendue sur deux rouleaux qui lui impriment un mouvement de translation de gauche à droite pour conduire les tiges à un élévateur formant un plan incliné au-dessus de la roue motrice. Cet élévateur est constitué dans quelques machines par deux toiles sans fin superposées, entre lesquelles les tiges s'engagent, et dans d'autres modèles, par un bâti sans fin muni de pointes qui enlèvent les tiges et les font monter le long du plan incliné où elles sont maintenues par des pointes parallèles à celui-ci. Les tiges, en sortant de l'élévateur, tombent de l'autre côté de la roue motrice, sur une table plane ou légèrement concave, où elles sont saisies par l'appareil de liage.

« La scie est la même que dans les moissonneuses simples, mais elle est plus longue ; la largeur de coupe est de 1 mètre 50 à 1 mètre 60. Le liage est l'opération délicate. Dans les premières machines, il se faisait avec du fil de fer ; à raison des dangers qui peuvent résulter de la présence de débris de fil de fer dans la paille que les animaux consomment, on l'a remplacé partout par de la ficelle. »

Il importe que les gerbes soient liées solidement et au même volume ; ensuite, que le liage s'opère sans que les épis soient secoués au point de s'égrener, et enfin, que la consommation de ficelle soit aussi réduite que possible. Ce problème a été résolu de diverses manières par les mécaniciens. Dans tous les cas, l'appareil de liage se compose de deux organes essentiels : ceux qui serrent la gerbe et ceux qui la lient. La disposition qui paraît la meilleure est celle dans laquelle ces deux mouvements sont alternatifs au lieu d'être simultanés. Un mot sur les systèmes les plus employés de moisonneuses-lieuses.

Lieuse Massey-Harris, la « Brantford. » Cette lieuse est une des plus employées, une des plus répandues, surtout dans le nord de la France. Non-seulement elle est apte à couper les grands blés, mais elle moissonne encore les petites avoines dans la perfection. On la conduit avec deux chevaux.

Son système d'élévateur ouvert avec l'élévateur supérieur *mobile* donne la plus grande capacité, évite le bourrage et n'égrène pas.

Voici quelques points de détails concernant cette machine.

Le bâti de la roue motrice et le tablier sont réunis

par leurs barres croisées, et, par suite, présentent une grande résistance.

Le bâti principal est construit sur le même principe qu'un pont métallique ; étant en acier à cornière, il est excessivement résistant. La petite roue du tablier est à essieu démontable. Non seulement l'arrière des élévateurs est ouvert, mais l'élévateur supérieur est mobile et s'ajuste automatiquement.

Dans les fortes récoltes, il s'écarte. Dans les récoltes légères, il retombe, et dans les deux cas, il assure un amenage régulier, sans bourrage ni engorgement. En outre, ces élévateurs sont très bas, ce qui donne un aspect léger à la machine.

Sans un rabatteur commode et ayant un grand déplacement, aucune lieuse ne peut couper des récoltes variées ou prendre le grain emmêlé ou couché.

Les lignes pointillées de la fig. 62 montrent les différentes positions que peut prendre le support du rabatteur.

Comme la tête, ou couronne du rabatteur peut être montée ou descendue le long du support dans dix crans, cela fait un total de cinquante positions différentes dans lesquelles ce rabatteur peut être placé. Il est si facile à manœuvrer, un fort ressort à boudin aidant au levier, qu'un gamin peut le placer dans n'importe quelle position.

Le noueur fonctionne parfaitement : économise de la ficelle ; lie toujours ; est toujours réglé. Deux mouvements seulement pour faire le nœud : 1° une révolution du bec noueur ; 2° une demi-révolution du pignon, qui fait tourner la couronne pince-ficelle d'un septième de tour, en d'autres termes, la couronne pince-ficelle lie sept gerbes par tour complet. Aucune pièce du noueur n'est commandée ou contrôlée par un ressort. Le couteau à ficelle est commandé par la came. La ficelle est tenue de façon à ne pas être tirée à travers le bec noueur comme dans d'autres lieurs, ce qui amène une usure rapide de ce bec.

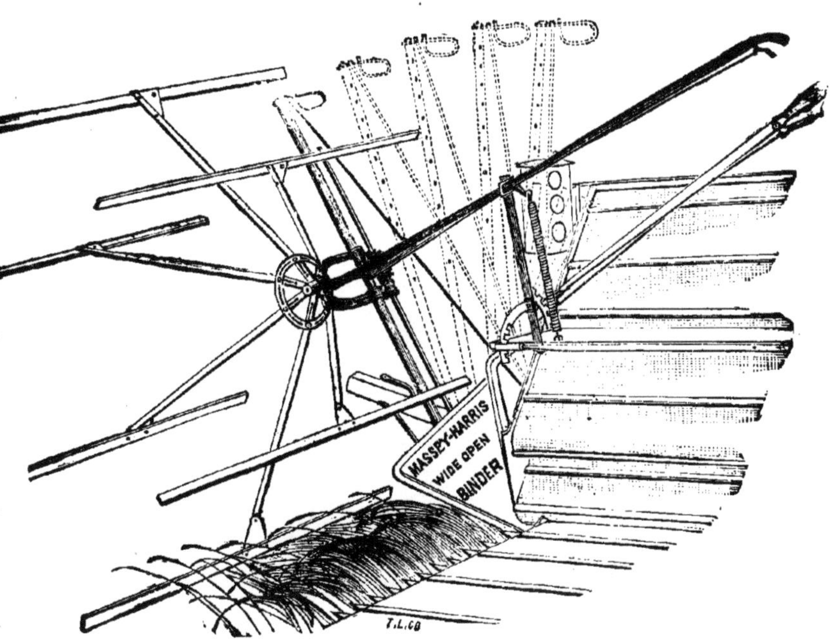

Fig. 62. — Rabatteur de la lieuse.

Le levier de déclanchement fait automatiquement des petites gerbes dans les récoltes humides et herbeuses, et des grosses gerbes dans les récoltes légères et sèches.

Il y a trois bras éjecteurs, ce qui produit une excellente séparation. Les tiges sont maintenues par trois ressorts. Un levier de détente empêche toute traction sur la ficelle.

Lieuse « Albion. » — Le bâti principal est en acier, il est fixé au tablier, de manière à rendre la machine absolument rigide. Par la façon dont les dents de l'élévateur sont fixées sur le bâti principal et renforcé, on a donné aux deux la rigidité et la solidité d'une seule pièce.

La barre-coupeuse est extrêmement forte; quoique d'un poids minime. Le fond du tablier est construit de façon à permettre de passer facilement sur tous les obstacles, ce qui donne une coupe plus rase.

Fig. 63. — Moissonneuse-lieuse « Albion. »

Le rabatteur est une partie fort importante de cette machine (fig. 63.) Par l'application simple et ingénieuse d'un ressort, le rabatteur peut, avec la plus grande facilité, être mis en haut ou en bas, en avant ou en arrière ; en un mot, dans n'importe quelle position, pour pouvoir ramasser la récolte dans quelque condition qu'elle se trouve. On peut le mettre suffisamment en avant, et suffisamment bas, pour ramasser le grain le plus couché.

La table de l'appareil-lieur a une pente suffisante pour

permettre au grain coupé d'arriver continuellement auprès de l'appareil-lieur. Par son poids, le grain descend droit et uni à l'appareil-lieur, de sorte qu'une fois le nœud fait, la gerbe est ronde, serrée et bien formée.

L'Albion est absolument sûr comme appareil-lieur, et on peut employer n'importe quelle ficelle, épaisse ou mince. Il n'y a que neuf pièces dans l'appareil, et chaque pièce a été étudiée avec un soin tout particulier, en vue du travail important qu'elle doit faire. Les pièces de l'appareil, tout en étant en petit nombre, sont simples et robustes ; il n'y a pas de pièces délicates ou petites, et l'appareil n'est nullement sujet à se déranger. Chaque pièce est positive dans son action ; s'ajustant parfaitement, et elle doit rester ainsi, jusqu'à ce que la machine soit complètement usée.

Le mécanisme de l'appareil-lieur est léger, simple et automatique ; l'engrenage est placé au centre, et les coussinets sont facilement accessibles : pour le graissage, il suffit d'enlever une planche de la table. Le déclanchement est automatique et direct dans son action ; dans les récoltes lourdes et humides, les gerbes sont plus petites que lorsque le grain est sec, mais on peut régler l'appareil de manière à former une grosse ou une petite gerbe à volonté.

Rien n'est plus essentiel pour une gerbe bien formée que d'avoir le pied bien nivelé. Il n'y a pas de doute que la planche-égalisatrice articulée est parfaite pour obtenir un pied de gerbe uni.

Les rouleaux des toiles sont munis de longs arbres en acier, qui tournent dans des coussinets à réglage automatique.

Les trois bras éjecteurs déposent la gerbe sans la lancer, et tout en la séparant parfaitement du grain non lié.

Les manivelles pour baisser ou lever la roue motrice et la roue du tablier sont placées commodément. Le conducteur peut manœuvrer de son siège le levier d'inclinaison pour relever ou abaisser le levier du rabatteur, le levier de la table de l'appareil-lieur et le levier d'embrayage.

CHAPITRE IX

ARRACHEURS DE TUBERCULES ET DE RACINES

Pour l'arrachage mécanique des pommes de terre on se sert assez souvent d'une charrue squelette, c'est-à-dire dont le versoir est à claire-voie, comme celle représentée figure 64, qui est montée en araire.

Cependant depuis quelques années on donne la préférence à l'arracheur Bajac (fig. 65), qui est muni d'un avant-train. Il se compose d'une grille articulée formée de trois éléments qui se soulèvent pendant la marche en produisant un travail de dislocation et mettent à découvert tous les tubercules.

Les arracheurs mécaniques de betteraves du même inventeur (fig. 66) sont du système à double griffe, pénétrant dans le sol à 10 ou 12 centimètres et soulevant la betterave, petite ou grosse, sans la casser ni la froisser, pour la laisser retomber ensuite dans l'alvéole.

Cet arracheur, à bâti forgé, est d'une conduite facile dans tous les terrains; il est muni de coutres circulaires à l'arrière et de roues lourdes à l'avant, ce qui assure une grande stabilité à l'instrument.

Fig. 64. — Charrue squelette pour l'arrachage des pommes de terre.

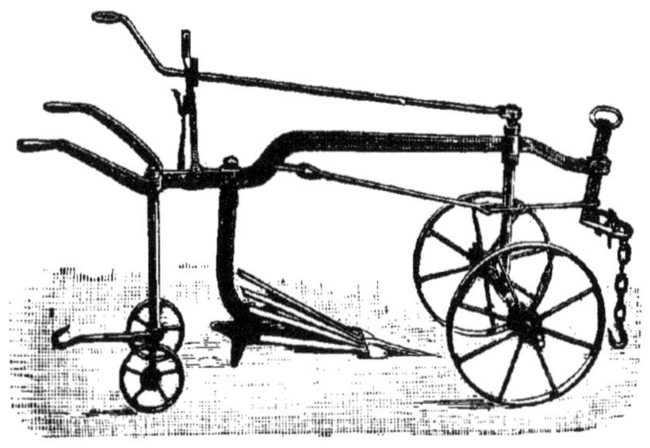

Fig. 65. — Arracheur de pommes de terre à avant-train.

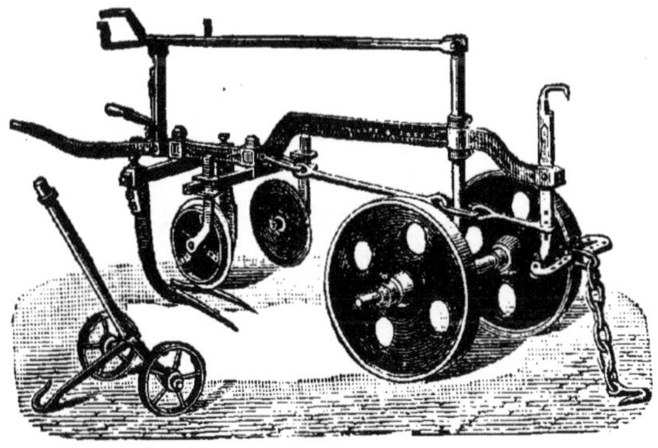

Fig. 66. — Arracheur de betteraves.

II. — Instruments d'intérieur de ferme.

CHAPITRE X

BATTEUSES

Les batteuses, ou machines à battre, sont des instruments qui servent à séparer mécaniquement le grain de la paille; elles remplacent donc le fléau et le rouleau (dépiquage).

On distingue deux catégories de batteuses :

1° Celles dans lesquelles la paille passe dans une direction perpendiculaire à l'axe du batteur; ce sont les batteuses *en long* ou *en bout* ; ces machines ont un batteur très court.

2° Celles dans lesquelles la paille passe dans une direction parallèle à l'axe du batteur ; ce sont les *batteuses en travers :* elles ont un batteur très long.

Avec ces dernières, la paille est beaucoup moins brisée.

Dans ces machines, le batteur, c'est-à-dire la pièce travaillante, doit avoir une longueur à peu près égale à celle de la paille.

Le batteur est formé d'un certain nombre de battes en fer, fixées sur trois ou quatre tourteaux en fer forgé, moulés sur un autre arbre central ; quelquefois ces battes sont en bois. Le contre-batteur est une plaque concave, portant à l'intérieur des battes semblables à celles du batteur. Ordinairement, à l'entrée des gerbes, l'écartement est constant ; on ne le règle qu'à l'autre extrémité.

Lorsque le contre-batteur est trop écarté du batteur, on passe plus de gerbes dans le même temps, mais on laisse plus de grain dans la paille ; trop rapproché au contraire, on brise les grains et on use les battes.

Les grandes batteuses sont munies, en outre, d'un secoueur formé de battes parallèles, placées horizontalement sur le bâti de la machine et sur lequel tombe la paille qui reçoit un mouvement de va-et-vient ; le grain restant tombe sur une large table à travers les lattes ; cette table est légèrement inclinée et elle se termine par une grille à travers laquelle passe le grain, tandis que les menues-pailles et les balles sont chassées par le vent d'un ventilateur.

Les machines à battre sont, les unes fixes, les autres mobiles. Elles sont mises en mouvement, soit par manège, soit par machine à vapeur, soit encore par moteur à pétrole.

« Une batteuse solidement établie, mise en mouvement par une bonne machine à vapeur et bien alimentée par un engreneur actif et intelligent, peut battre dans une journée de dix heures, lorsque la récolte est bonne, de 120 à 150 hectolitres de froment. » (G. Heuzé.)

On se servait jadis de petites machines à battre à manège ; ce système se fait de plus en plus rare.

La figure 67 montre une machine Cumming ou machine à battre en travers.

Les machines à battre à grand travail de Garrett (fig. 68) sont disposées avec un tambour batteur à huit battes reversibles, des secoueurs très longs, deux ventilateurs donnant trois coups de vent, un trieur rotatif,

Fig. 67. — Machine à battre de Cumming d'Orléans.

Fig. 68 — Machine à battre Garrett.

un ébarbeur, un élévateur ayant la puissance nécessaire, avec chaîne à godet. Mises en mouvement par une loco-

Fig. 69. — Machine à battre Albaret.

Fig. 70. — Battage à la vapeur.

mobile, elles peuvent battre 200 hectolitres de grain par dix heures de travail.

Les machines à battre les plus répandues aujourd'hui

sont celles que nous reproduisons ci-dessous (fig. 69), et qui, avec une locomobile de 6 chevaux environ, peuvent battre cent quintaux de blé dans une journée. Les meilleures de ces machines donnent le blé absolument propre, prêt à livrer au moulin sans aucune autre manipulation : on arrive à ce résultat en faisant subir au grain deux nettoyages successifs dans la batteuse; le second nettoyage, produit par une sorte de tarare logé dans la batteuse même, fait l'office du tarare de grenier et en supprime l'emploi.

Le matériel à battre anglais, Clayton et Schuttleworth, est mis en mouvement par une locomobile munie d'un appareil à détente variable à la main (fig. 70).

Ces batteuses, construites en bois de chêne, rendent toutes les sortes de grains propres à être livrés sur le marché en une seule opération.

Il est fait quatre séparations dans le premier tarare, savoir :

Paille courte, les balles, corps étrangers, petites semences de roseaux, sable, etc. Le grain est ensuite remonté par l'élévateur à godets, et passant par l'épieur d'orge et l'émotteur, se trouve versé dans le tamis rotatif qui le trie en trois qualités.

La commande des secoueurs et des cribles par un seul arbre, au moyen d'excentriques, a été préconisée par certains fabricants comme une innovation, une amélioration. Il y a longtemps que ce système de commande a été abandonné et pour les raisons suivantes : Tandis que le secouage de la paille pour en séparer le grain nécessite un mouvement assez prolongé à une vitesse relativement lente, le criblage du grain nécessite au contraire une étendue de marche moins considérable, mais une vitesse plus grande. Ces deux mouvements étant commandés par un seul arbre, cela réalise indiscutablement

Fig. 71. — Machine à battre avec moteur à pétrole.

une économie de fabrication, mais cause une usure excessive des coussinets et surtout d'un excentrique, tout en étant loin de fournir un travail aussi efficace que deux arbres indépendants, qui présentent en outre l'avantage de pouvoir modifier la vitesse de l'un ou de l'autre. Ces cribles étant suspendus fonctionnent sans frottement et sans graissage. Tous les coussinets sont très accessibles et aucun n'est susceptible de s'échauffer par un excès d'effort.

Tous les arbres marchant à grande vitesse et tous les coussinets difficiles d'accès pendant la marche de la machine sont pourvus de graisseurs automatiques à graisse consistante, pouvant contenir la quantité de graisse nécessaire pour une demi-journée de travail.

Les batteuses combinées, avec les moteurs « Capitaine, » ont rendu de très grands services dans les exploitations agricoles de grande et moyenne culture (fig. 71).

Les moteurs « Capitaine » fonctionnent avec de l'huile de pétrole ou de schiste, densité environ 820°, non inflammable à froid et par conséquent sans danger d'explosion ou d'incendie.

Les moteurs « Capitaine », de M. L. Hexlicq et C°, ont un régulateur automatique d'alimentation. Ce régulateur est indispensable pour le bon fonctionnement de l'économie d'un moteur à pétrole.

Il règle la goutte de pétrole au vaporisateur suivant les variations de la force employée. Il en résulte qu'il ne peut jamais y avoir excès de pétrole au vaporisateur, que l'économie de dépense est de plus d'un tiers sur les autres systèmes, enfin que l'écrasement est évité. Pour un moteur de 3 chevaux par exemple, l'économie est au moins d'un litre par heure, et, par conséquent, pour une campagne dont la durée moyenne est de 2,500 heures, l'économie réalisée sera de 25 hectolitres, ce qui vaut

Fig. 72. — Machine à battre à manège.

aussi la peine d'être considéré dans le prix d'achat d'un moteur.

Dans les récoltes moyennes, les rendements de ces batteuses, par journée de 10 heures, sont environ :

Avec moteur de	2 1/2 chevaux	40 hectol.	de blé.
—	3 1/2 —	60	—
—	4 à 5 —	80	— (fig. 72).

CHAPITRE XI

TARARES ET TRIEURS

Tarares. — Les tarares sont des machines servant à nettoyer le grain après le battage.

Ils se composent d'un ventilateur, formé de quatre ailes en bois, auquel on imprime un mouvement de rotation rapide dans l'intérieur d'un tambour; l'air ainsi appelé est chassé à travers les grains à nettoyer pendant le passage de ceux-ci sur un crible émotteur formé de deux grilles superposées et suspendues à des liens flexibles, qui se trouvent à l'avant de l'instrument. Ces grilles reçoivent de l'arbre du ventilateur, par une transmission appropriée, un mouvement de trépidation.

Le bon grain est recueilli au bas du crible : les corps divers, plus petits, qui ont pu le traverser, sont ramassés en dessous; les poussières, balles, etc., sont chassées au dehors par le ventilateur.

Dans le modèle représenté figure 73, construit tout en fer, les parties principales s'ajustent au moyen de boulons, ce qui le rend complètement démontable.

L'instrument, d'une largeur de 80 centimètres, débite 25 à 30 hectolitres à l'heure.

La force exigée par les tarares est très faible ; il faut en moyenne, d'après M. Ringelmann, de 10 à 45 kilogrammètres par kilogramme de grain nettoyé ; ce chiffre est d'ailleurs variable avec l'état du grain. Suivant leurs

Fig. 73. — Tarare-ventilateur.

dimensions et l'état du grain, les tarares débitent de 5 à 30 hectolitres à l'heure.

Trieurs. — Comme leur nom l'indique, les trieurs sont des machines servant à séparer, à trier les grains en grosseurs différentes.

Le trieur est indispensable pour obtenir des grains propres exempts de mauvaises plantes.

Il existe un grand nombre de systèmes de trieurs; toutefois ceux de MM. Marot frères, de Niort, sont en quelque sorte classiques.

Celui représenté figure 74 sépare du froment les pierres,

mottes de terre, pailles, gros pois, poussières, ivraies, seigles, graines rondes de tous calibres. Le froment trié est divisé en deux sortes de grosseurs différentes.

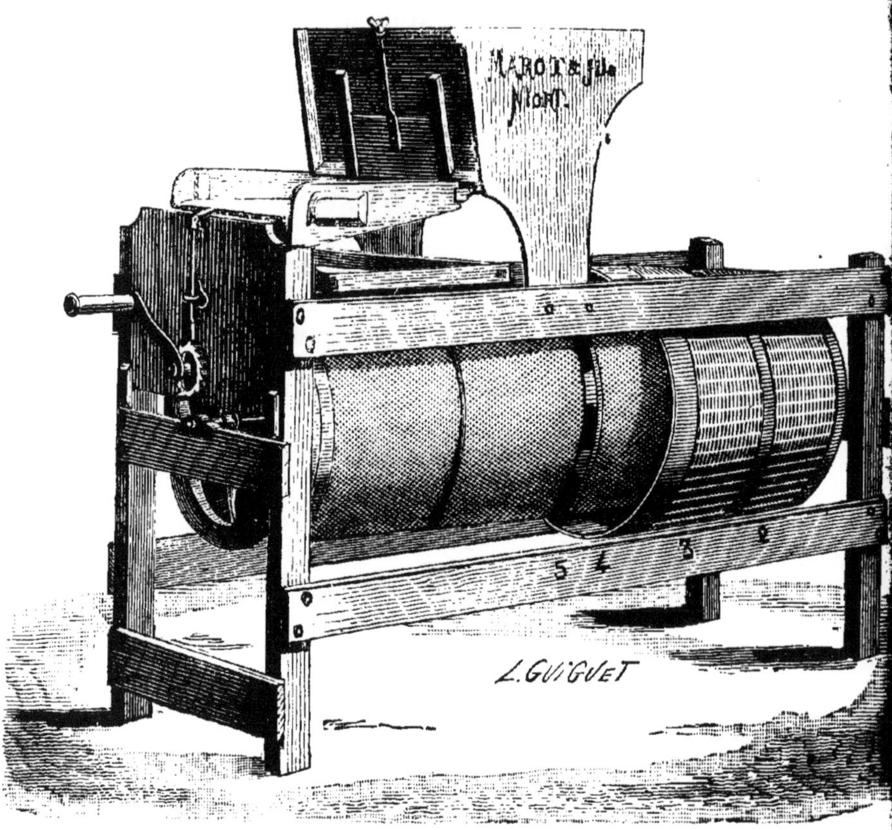

Fig. 74. — Trieur Marot frères, de Niort.

A l'aide d'un crible de rechange, on peut, avec ce même instrument, nettoyer les orges et les avoines des graines rondes, poussières et autres impuretés.

Enfin, on combine assez souvent les tarares et les trieurs en un même instrument, dit, tarare-trieur (fig.75.)

Fig. 75. — Tarare-trieur pour grains.

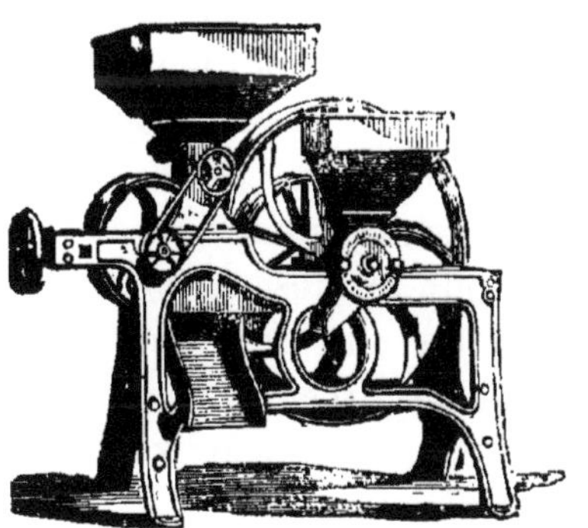

Fig. 76. — Aplatisseur de grains.

CHAPITRE XII

APLATISSEURS ET CONCASSEURS DE GRAINS

Aplatisseur. — On appelle aplatisseur un instrument qui est destiné à écraser les grains que l'on veut donner à consommer au bétail, de manière à rompre l'enveloppe extérieure sans pulvériser, ni même réduire en plusieurs parties la totalité de la graine. « Le but que l'on veut atteindre est surtout d'empêcher que, par suite d'une mastication incomplète, ainsi que cela peut arriver pour des animaux âgés ou gloutons, le grain pénètre dans l'appareil digestif sans avoir été entamé. C'est surtout à aplatir l'avoine donnée aux chevaux que ces instruments sont employés (1) ».

Il a été constaté, à la suite de plusieurs essais très concluants, que l'économie obtenue, en employant l'avoine aplatie et la paille hachée (voir chap XIII), est au moins de 35 centimes par cheval et par jour, et que les chevaux ainsi nourris sont en meilleur état que ceux alimentés par l'avoine entière et le foin.

Il existe un très grand nombre de modèles d'aplatisseurs, mais tous sont formés, en principe, de deux cylindres lisses montés sur des tourillons, qui peuvent être plus ou moins rapprochés. Ces rouleaux, en tournant, aplatissent le grain qui arrive à la partie supérieure par une trémie.

(1) Barral et Sagnier : *Dictionnaire d'Agriculture,* t. I.

La figure 76 représente un de ces aplatisseurs, construit par la maison Pilter.

A bras, avec deux hommes, on peut, avec ces instruments, aplatir une centaine de litres par heure.

Fig. 77. — Concasseur.

On peut d'ailleurs s'en servir, non seulement pour l'avoine, mais pour l'orge, le lin, etc.

Concasseurs et broyeurs — Les concasseurs ou broyeurs servent, non plus à aplatir, mais à réduire en fragments plus ou moins petits les graines telles que les féverolles, le maïs, etc.

Concasseurs ou broyeurs ne constituent qu'une même catégorie d'instruments. Suivant le réglage de l'appareil, on peut obtenir avec le même instrument, soit un produit concassé, soit un produit broyé plus ou moins finement.

« Ces instruments, dit M. Tresca, sont tous basés sur le principe suivant : la matière à concasser ou à broyer est mise en contact avec deux organes rotatifs, cylindres ou cônes, animés d'une vitesse différente à leur pourtour ; quelquefois, l'un de ces organes est remplacé par une enveloppe rugueuse rencontrée par le grain que l'on veut broyer.

Si l'on animait les deux organes relatifs d'une même vitesse à leur circonférence, on obtiendrait un effet de laminage, comme dans l'aplatisseur. Si les deux vitesses sont notablement différentes, le grain se trouve déchiré, concassé on broyé, suivant la distance qui sépare les deux organes broyeurs, et aussi la grosseur des grains composant la matière qu'il s'agit de préparer.

La figure 77 montre un de ces concasseurs de grains. Dans le concasseur figure 78, les deux rouleaux sont cannelés en diagonale, ce qui détermine leur action coupante et écrasante à la fois.

Au moyen d'un excentrique, on règle l'écartement des rouleaux pour concasser à la finesse voulue. La distribution se fait au moyen d'un rouleau à cannelures profondes, horizontales, qui fonctionne parfaitement. On règle aussi l'affluence aux rouleaux selon la force dont on dispose. L'instrument est soigné ; les arbres tournent dans des coussinets en bronze.

On peut concasser toutes sortes de grains, notamment l'avoine, l'orge, le malt, etc. On peut aussi concasser le maïs et les fèves; mais, vu leur volume, il faut procéder en deux fois pour arriver à les réduire convenablement.

Fig. 78. — Concasseur-aplatisseur.

Indépendamment des concasseurs de grains, on utilise assez souvent, dans les fermes, les concasseurs de tourteaux de graines oléagineuses, qui sont trop durs et trop compacts pour être donnés directement comme aliment au bétail. Il faut donc les réduire en petits fragments; c'est ce qu'on obtient en les faisant passer entre deux

Fig. 79. — Concasseur de tourteaux de Nicholson.

cylindres ornés de grosses dents et mus par une manivelle, la continuité du mouvement étant assurée par un volant. Le concasseur de tourteaux de Nicholson (fig. 79) est un des plus employés.

Fig. 80. — Concasseur d'os et de tourteaux.

Fig. 81. — Aplatisseur-concasseur à grand travail.

Quelques-uns de ces appareils (fig. 80) sont assez puissants pour concasser, non seulement les tourteaux, mais encore les os qui sont utilisés comme engrais.

Aplatisseur et concasseur combiné « Albion. » — La figure 81 montre un instrument mixte servant à la fois pour aplatir les grains et pour concasser les tourteaux.

Cet appareil est mis en mouvement, à bras, à manège ou à vapeur.

CHAPITRE XIII

HACHE-PAILLE ET COUPE-RACINES

Hache-paille. — Les ache-paille sont aujourd'hui répandus partout et rendent de grands services. L'emploi des fourrages hachés mélangés à d'autres aliments procure une économie importante et une amélioration sérieuse dans l'alimentation des animaux. La paille hachée mélangée à l'avoine empêche les animaux de devenir poussifs et leur facilite les longues courses. Dans les années de sécheresse, lorsque les foins sont chers et difficiles à se procurer, on emploie les hache-paille pour couper toutes espèces de nourritures, telles que les feuilles des arbres et des vignes, ainsi que les sarments, les ajoncs, etc.

Les anciens hache-paille, dit M. J. Danguy, très simples en principe, consistaient en une lame terminée par une poignée et fixée par l'autre extrémité à un coffre

Fig. 82. — Hache-paille. Hache-ajoncs à moteur.

Fig. 83. — Hache-paille à bras.

ou un poteau ; ces machines fonctionnaient comme les couteaux à pain des boulangers. Comme elles n'effectuaient que très peu de travail on les a perfectionnées en mettant cinq ou six lames parallèles. Les autres perfectionnements ont consisté ensuite à mettre en avant du couteau un canal en bois afin de faciliter l'arrivée de la paille; l'ouvrier n'ayant plus qu'à pousser de la main gauche (fig. 82).

Le hache-paille représenté figure 83 a l'avantage de fonctionner également bien à bras et au moteur. Pour faciliter son fonctionnement à bras, il est muni de deux manivelles, afin que l'ouvrier engreneur, placé à côté de la trémie, puisse aider de temps à autre l'homme qui tourne la manivelle du volant. La deuxième manivelle est combinée avec un cliquet, de façon à retomber folle et au repos dès que l'ouvrier la lâche, même quand le volant continue à marcher. Cette disposition, très ingénieuse, est d'une grande utilité. La plupart des hache-paille pour deux hommes ayant la deuxième manivelle fixée sur l'arbre du volant, cette deuxième manivelle continue à tourner à grande vitesse, même quand l'ouvrier engreneur est obligé de la lâcher pour alimenter la trémie, et cela peut causer des accidents. Cet instrument étant aussi destiné à fonctionner au moteur, le volant a été placé à l'intérieur du bâti, afin de reposer l'arbre sur deux paliers et de supprimer le porte-à-faux qui existe dans les hache-paille de petites dimensions. Le changement dans la longueur de la coupe se fait instantanément au moyen d'une poignée agissant sur un engrenage qui glisse sur l'arbre transversal. Tous les engrenages sont réunis et abrités par un couvercle métallique qui les garantit complètement de la poussière. Enfin, point essentiel pour une machine fonctionnant au moteur, il existe à côté de la trémie une poignée permettant à l'engreneur de renverser instantanément le sens de rotation des cylindres compresseurs, sans arrêter pour cela la marche du volant.

Le travail pratique effectué par les hache-paille dépend de la longueur de coupe. D'après les essais effectués en Angleterre, il y a quelques années, les hache-paille à vapeur arrivent à broyer 1.400 kilog. de paille à l'heure, tandis que ceux à bras ne donnent que 100 à 129 kilog. pendant le même temps.

Coupe-racines. — Le coupe-racines a pour but de détailler, en morceaux plus ou moins gros, les racines et les tubercules destinés à la nourriture des bestiaux, racines qui ne pourraient leur être données entières. « La pièce essentielle de cet appareil, dit M. H. de Graffigny, est un cylindre court, armé de lames fortes et tranchantes, et mis en mouvement au moyen d'une manivelle ; il est surmonté d'une trémie où l'on entasse les racines à couper ; un panier quelconque, placé entre les pieds du bâti, reçoit les fragments au fur et à mesure qu'ils tombent. Certains coupe-racines divisent les racines en longs rubans semblables à des copeaux de menuisier ; ce sont les meilleurs. Ils marchent ordinairement à bras, mais on en construit également marchant au manège ou au moteur, et dont l'organe tranchant est soit un disque ou plateau, soit un cône. Le système à disque consiste en un plateau vertical, percé d'ouvertures longitudinales contre lesquelles s'appliquent les couteaux serrés par des boulons. Les racines empilées dans la trémie descendent par le seul effet de leur poids et se présentent aux couteaux qui les coupent dans leur mouvement de rotation. Ces couteaux dépassent le disque à l'intérieur, et de la saillie qu'ils font sur cette face résulte l'épaisseur des fragments obtenus ; on règle cette saillie à volonté au moyen de coulisses pratiquées sur les couteaux à l'endroit des boulons qui les rattachent à leur support.

Fig. 84. — Coupe-racines de Pernolet.

Les coupe-racines à cône ne diffèrent de ceux à cylindre ou à disque, que nous venons de décrire, que par la disposition des lames tranchantes. Quand on veut couper les racines en languettes, il faut employer des modèles

Fig. 85. — Coupe-racines à disques.

Fig. 86. — Laveur de racines.

à lames posées d'équerre, coupant dans deux directions perpendiculaires. Les systèmes à double effet portent deux séries de couteaux montés sur deux disques ; la trémie est partagée en deux parties par une plaque à charnières qui permet de faire aller les racines sur l'un ou sur l'autre disque... Les lames sont formées de plusieurs dents biseautées ; l'arbre porte également des dents en spirale qui aident à pousser contre le plateau les racines à détailler. La vitesse de rotation est de 300 à 350 tours par minute, et le débit, suivant les dimensions de l'appareil, peut atteindre jusqu'à 4,000 kilogrammes de racines à l'heure, avec une très faible dépense de force motrice.

La figure 84 représente le coupe-racines de Pernolet, qui est un des plus anciens modèles, mais qu'on trouve encore dans un grand nombre de fermes.

La figure 85 montre un coupe-racines à disques qui fonctionne avec des lames droites ou dentées ; ce modèle est de M. Puzenat. Le coupe-racines à cônes est du même constructeur.

Les lames de ces instruments sont disposées de manière à couper les betteraves, navets, carottes ou pommes de terre, afin de pouvoir les donner aux bestiaux, soit seuls, soit mélangés avec du foin ou de la paille hachée, après quelque temps de fermentation.

Laveur de racines. — Les racines ou tubercules qui précèdent doivent souvent, avant d'être débités, être débarrassés de la terre arable qui les souille. Cette terre peut être enlevée, soit au couteau, soit par un lavage dans un baquet, soit, mieux encore, par un lavage mécanique.

La fig. 86 représente un laveur de betteraves, carottes, pommes de terre, etc., de M. Pilter. Il consiste en une vis d'Archimède entourée d'un cylindre à claire voie et baignée dans un bac rempli d'eau. Les racines sont mises dans la trémie et tombent dans le cylindre, qui a un mouvement à double effet, c'est-à-dire qu'en tournant de l'autre sens, le cylindre se vide.

CHAPITRE XIV

POMPES

Parmi les instruments d'intérieur de ferme, nous devons encore examiner les pompes, auxquelles on n'attache pas toujours l'importance qu'elles méritent.

Il y a lieu de considérer :

1° Les pompes à purin;

2° Les pompes à eau ;

3° Les pompes à incendie.

Pompes à purin. — Dans toute ferme bien tenue, le jus s'écoulant des fumiers, ainsi que les urines provenant des étables, doivent être recueillis dans une fosse étanche, dite *fosse* ou *citerne à purin*. Ce liquide éminemment fertilisant sert soit à arroser le fumier, soit à fertiliser directement les champs où on le répand avec les tonneaux arroseurs.

Toutefois, pour remplir les tonneaux, le chargement avec des seaux est très long et donne lieu à des pertes ; aussi a-t-on souvent recours à des pompes spécialement construites à cet effet, qui font arriver directement le liquide de la fosse au tonneau. Parmi ces instruments, dont il existe un grand nombre de modèles, la pompe économique système Fauler (fig. 87), de Vidal-Beaume, est une des plus employées. C'est une pompe foulante, dont le tuyau de déversement a de 50 centimètres à 1 mètre de hauteur.

Fig. 87. — Pompe à purin Fauler.

Pompes à eau. — L'élévation des eaux dans les fermes a une importance capitale; on sait combien les puits sont peu commodes et le faible débit qu'ils donnent; aussi emploie-t-on de plus en plus les pompes élévatoires.

Les systèmes préconisés sont excessivement nombreux ; parmi les plus appréciés nous devons mentionner la pompe borne à volant de Broquet, représentée figures 88 et 89, avec engrenages à retour rapide logés dans la borne, qui résout le problème de l'élévation des eaux de puits de toutes profondeurs.

Ce système comprend :

Borne avec engrenages, vilebrequin, volant et contrepoids, coussinets en bronze, bielle à fourche avec tête en bronze, corps de pompe en cuivre fondu, récipient d'air, fonte avec plongeur cuivre, tringle en fer forgé avec guide et moises, tuyaux plomb avec brides, boulons et

Fig. 88.— Pompe Broquet.

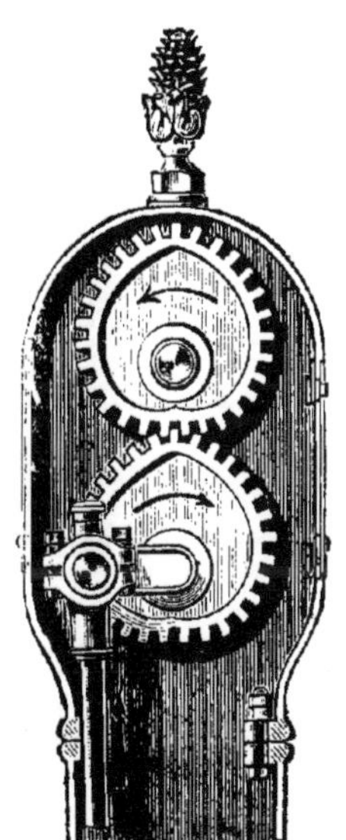

Fig. 89. — Intérieur de la borne.

joints, clapets de retenue, robinet de sortie d'eau ou sans robinet.

Nous devons faire remarquer que, jusqu'ici, les fins de course de chaque coup de piston occasionnaient une ré-

Fig. 90. — Pompe à chapelet.

sistance, un point mort que l'effort mécanique seul pouvait vaincre. Grâce aux engrenages ci-dessus (brevetés), on double le cap du point mort, non seulement sans effort, mais au contraire avec entraînement. Il en résulte que l'on peut maintenant élever à la main, sans grande

Fig. 91. — Pompe à noria de Lemaire.

fatigue, l'eau des puits les plus profonds avec une pompe à un seul corps. Résultat inconnu jusqu'à ce jour avec aucune pompe.

Les pompes à chapelet ou pompes-chaînes sont également très recommandables, non-seulement pour l'élévation des eaux d'alimentation, mais pour le service des fosses à purin. Elles ont un rendement considérable, sont d'un entretien presque nul et enfin, avantage précieux, elles ne craignent pas la gelée. La figure 90 re-

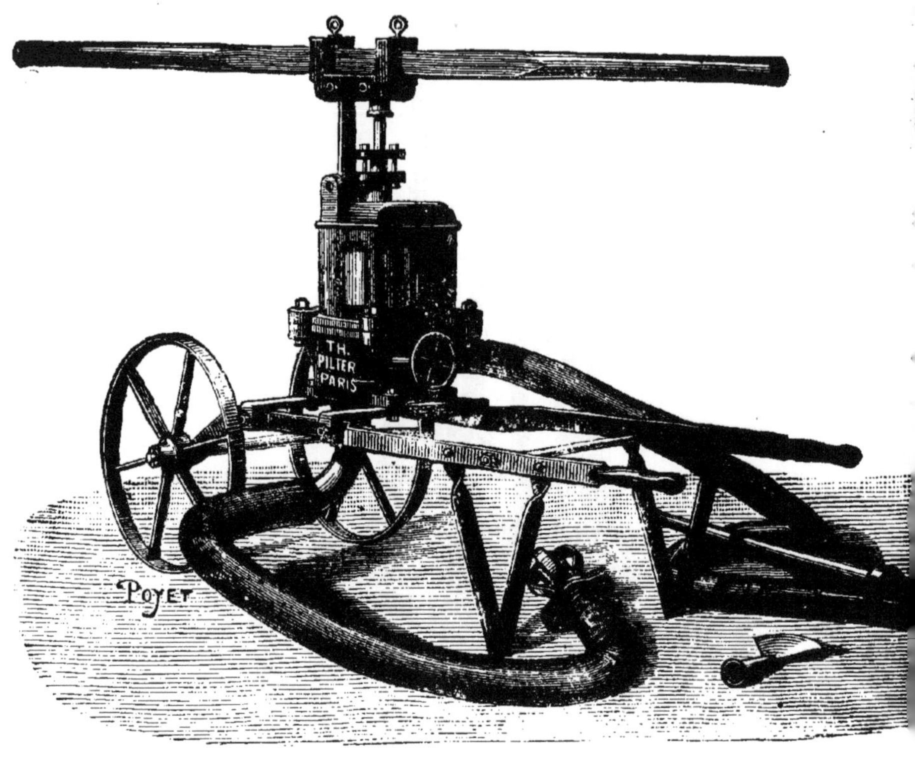

Fig. 92 — Pompe à arrosage et à incendie.

présente une de ces pompes de M. Vidal-Beaume puisant à une profondeur qui varie entre 4 et 20 mètres.

La « pompe Lemaire » (fig. 91), noria perfectionnée, se recommande par son extrême simplicité : une roue, une chaine ; pas de tuyaux, pas d'engrenages et pas de volant ; la chaîne est libre dans l'eau. L'eau est assurée dès le premier tour, ensuite le moindre mouvement imprimé à la manivelle fournit de l'eau.

Fig. 93. — Pompe pour purins et vidanges.

D'un volume très restreint, elle se place et déplace avec une extrême facilité ; d'un maniement fort doux, elle peut à la main et *sans fatigue* amener l'eau d'une profondeur de trente mètres.

Pompe à incendie. — Ce n'est que dans les très grandes exploitations, éloignées de tout centre, et comportant un personnel nombreux, qu'on peut avoir une pompe spéciale pour l'extinction des incendies.

Mais ce qui devrait se trouver dans toutes les fermes, c'est une pompe mixte servant à la fois pour l'arrosage, le purin et l'incendie.

Dans ce genre, nous signalerons : la pompe Pilter (fig. 92), qui est très simple et peut être facilement et rapidement démontée ; elle est sur brouette mobile et la conformation des clapets permet un libre passage aux matières épaisses. La force de projection étant très grande, c'est de ce fait une excellente pompe à incendie. Le débit est d'environ 8,000 litres à l'heure avec une force de projection de 15 mètres verticalement, et de 18 à 20 mètres horizontalement.

La pompe Vidal-Beaume, dite « la Gloutonne » (fig. 93), spéciale pour purins, vidanges, épuisements et incendies, est également très recommandable, non seulement par sa simplicité, mais par la grande facilité avec laquelle elle peut élever les liquides les plus épais et chargés de paille et de feuilles, sans qu'il y ait engorgement. Elle se démonte en une minute, sans aucun outil ; en outre, elle a une très grande force de projection, et est employée avec succès pour le nettoyage des tubes de chaudière à vapeur.

CHAPITRE XV

ENTRETIEN DES MACHINES AGRICOLES

Non seulement celui qui emploie une machine doit avoir des notions sommaires de mécanique, pour pouvoir juger en connaissance de cause, mais encore, comme le fait remarquer M. L.-J. Granvoinnet, être bien convaincu des avantages énormes qui résultent d'un bon entretien des instruments :

« Il semble, aux personnes habituées à voir la propreté et le bon état d'entretien des machines employées dans l'industrie, qu'il y ait là une recommandation inutile, et que les cultivateurs sont aussi convaincus que personne de la nécessité de bien graisser leurs instruments et d'en vérifier les organes avant de les mettre en marche.

Cela est vrai, mais il y a bien d'autres choses de l'excellence de laquelle ils sont bien convaincus et qu'ils ne font pas. La règle pratique est qu'il faut, autant que possible, simplifier suffisamment les machines pour que leur fonctionnement ne nécessite ni un long apprentissage ni de fréquentes réparations. C'est dire que les pièces de *règlement*, si importantes, et dont le cultivateur ne se sert que lorsqu'elles ne le dérangent pas, devront être telles que, même médiocrement entretenues, elles puissent fonctionner.

Pour ne citer qu'un exemple : qui ne connaît les avantages de l'emploi de la vis comme régulateur de largeur dans les charrues, dans le bisocle Dombasle, les trisocs anglais, etc... ? Le régulateur à vis est aussi précis qu'on le veut, et d'un maniement assez facile pour que le règlement puisse s'exécuter pendant la marche de l'instrument.

Oui ! mais une vis demande à être graissée, autrement elle grippe et peut même se fausser. Aussi quelques constructeurs de charrues emploient-ils simplement le régulateur de largeur à trous, moins précis que celui à vis, mais qui demande moins d'entretien.

S'il s'agit de machines compliquées, comme les moissonneuses ou les faucheuses, c'est alors que la question d'entretien devient prédominante, car les arrêts à l'époque de la moisson ou des foins laissent à la charge du cultivateur un grand nombre de bras qu'il doit payer et ne peut toujours occuper.

Aussi, pour des instruments de ce genre, ce n'est pas au graissage que doit se borner l'entretien : le cultivateur doit, avant les travaux, se munir de scies de rechange et posséder en double les pièces susceptibles de se rompre. A la fin de chaque attelée, il devra vérifier l'état de l'instrument et resserrer les écrous ébranlés par les vibrations incessantes de la machine en travail, etc.

C'est ici que se placent les critiques de personnes trouvant le matériel agricole souvent trop compliqué pour les cultivateurs. Il est facile d'y répondre, étant donné surtout que celui qui complique la machine est le cultivateur lui-même, puisqu'il demande à celle-ci d'effectuer automatiquement tout ce qui, autrefois, devait être fait séparément par les ouvriers. »

Il est donc de toute nécessité, dans ce cas, que la machine, en se perfectionnant, se complique et, à moins de le réduire à rien, la *simplicité* du mécanisme doit avoir une limite. C'est alors, non au constructeur à simplifier tellement sa machine qu'elle ne puisse bien faire qu'une partie du travail demandé, mais au cultivateur à s'élever à la hauteur de son instrument en s'appliquant à le connaître et en l'entretenant convenablement.

DEUXIEME PARTIE

CONSTRUCTIONS RURALES

CHAPITRE XVI

PRINCIPES GÉNÉRAUX

En ce qui concerne les constructions rurales, tant habitations des hommes que des animaux, on ne sait pas, en général, observer un juste milieu. Ou bien, elles sont trop luxueuses dans certaines grandes exploitations, ou bien elles sont trop rudimentaires.

Notons d'ailleurs que ces dernières sont de beaucoup les plus communes.

Non seulement les locaux sont mal aménagés, manquant d'air et de lumière, mais le plus souvent ils sont construits avec de mauvais matériaux. Par une économie mal comprise, on s'impose alors des réparations fréquentes et un entretien coûteux.

Matériaux de construction. — Nous ne saurions indiquer un choix à faire pour les pierres de construction. La nature de celles-ci varie avec la nature géologique du pays ; on peut employer, avec autant d'avantages, les pierres naturelles, telles que grès, meulières, ou granits ou calcaires ; ou bien les pierres artificielles, comme les briques. En ce qui concerne ces dernières, les formes et les dimensions varient beaucoup. Toutefois, on distingue : les briques *pleines*, de beaucoup les plus communément employées, et les briques *creuses*. Les unes et les autres doivent être choisies avec soin.

« Une bonne brique, dit à ce sujet M. Buchard, doit présenter une composition égale, sans fentes ni gerçures ; il faut qu'elle résonne d'un son plein et clair lorsqu'on la frappe avec un marteau ; sa couleur est d'un brun éclatant ; elle n'absorbe pas l'eau qu'on verse dessus ; enfin, sa cassure n'est pas pulvérulente. »

Les briques creuses ou tubulaires sont surtout employées pour les ouvrages légers. Leur avantage sur les briques pleines est considérable, car elles sont mieux cuites, résistent mieux à la rupture et aux agents atmosphériques, et isolent plus complètement l'humidité.

Quelles que soient les pierres employées pour les constructions, il convient de les agglutiner entre elles par des mortiers solides.

Mortiers. — En principe, un mortier est composé de deux éléments, l'un actif (chaud ou ciment), l'autre inerte (sable).

La chaux qu'il faut préférer est la *chaux grasse.*

La chaux grasse, *vive*, ou anhydre, dit M. Ringelmann, se combine avec l'eau en produisant un dégagement de chaleur (la température peut s'élever jusqu'à 300°) ; elle *fuse*, c'est-à-dire fait entendre un sifflement, se désagrège et se réduit en poudre en augmentant de volume (foisonnement).

Cette opération, par laquelle on combine la chaux avec l'eau, avant de l'employer dans la confection des mortiers, est l'extinction ; le produit est de la chaux hydratée ou chaux *éteinte.* Si l'eau est en excès, la chaux éteinte n'est pas en poudre, mais en pâte blanche grasse.

Si l'on augmente beaucoup la quantité d'eau, on obtient le *lait de chaux* employé pour certains travaux.

La chaux maigre développe peu de chaleur à l'extinction ; elle foisonne bien moins que la chaux grasse.

Le foisonnement peut donc indiquer la valeur de la chaux, ainsi que la nature (grasse ou maigre) de la pâte obtenue (1).

Les chaux hydrauliques sont obtenues par la cuisson des calcaires contenant de l'argile ou de la silice dans un certain état de division. Ces chaux, à l'extinction, foisonnent très peu ou pas, développent peu de chaleur et donnent une pâte courte comme les chaux maigres, mais la pâte obtenue durcit sous l'eau ; ce sont donc les seules à conseiller pour les maçonneries exposées à l'humidité (comme les fondations).

Le degré d'hydraulicité est variable suivant la composition du calcaire; il se détermine d'après le temps nécessaire pour que la pâte fasse prise sous l'eau.

Ciments. — « Lorsque le calcaire renferme plus de 20 pour 100 d'argile (de 20 à 40 pour 100), la propriété hydraulique du produit de la calcination est exaltée et on obtient les *chaux ciments* (ou ciment romain); si la

(1) Lorsque la chaux grasse est restée longtemps au contact de l'air, avant d'être éteinte, elle absorbe une certaine quantité d'humidité et son extinction se rapproche de celle de la chaux maigre; sa valeur pour la construction s'en rapproche également.

proportion de l'argile augmente encore, on obtient des *ciments hydrauliques* ou *pouzzolanes*.

Les chaux-ciments, appelées encore *plâtres-ciments*, parce qu'on peut les gâcher à la truelle comme le plâtre, ne fusent pas; leur prise, très rapide, varie suivant la proportion d'argile que contient le calcaire destiné à leur fabrication; on les désigne dans le langage vulgaire sous le nom impropre de *ciments romains*, quoique les Romains ne les aient jamais connues.

Les ciments se classent de la façon suivante :

CIMENTS	PROPORTION POUR 100 D'ARGILE		NOMS
	DANS LE CALCAIRE	DANS LE CIMENT.	
A prise lente.	21	35	C de Portland (Angleterre). C. de Boulogne (Pas-de-Calais).
A prise rapide.	22.5 24	36.7 40.0	C. romain. C. de Vassy (Yonne). C. de Pouilly (Yonne).

La propriété hydraulique permet d'employer les ciments à de nombreux travaux : joints, réservoirs, scellements, fosses d'aisances, etc. Les ciments à prise lente donnent des ouvrages plus solides, plus résistants que ceux à prise rapide. La maçonnerie de ciment devient de suite incompressible, ce qui permet de l'employer dans les travaux importants.

Le ciment *pouzzolane* (qu'on trouve à l'état naturel sur les flancs des volcans et notamment aux environs de la petite ville de Pouzzoles, près de Naples), est utilisé pour communiquer les propriétés hydrauliques aux chaux grasses ordinaires (1).

Sables. — Les sables employés dans la confection du mortier doivent être aussi purs que possible, c'est-à-dire dépourvus de matières végétales et de terre. On reconnaît leur pureté en les remuant dans l'eau : si celle-ci reste limpide, le sable est très bon; si elle devient bourbeuse, le sable est terreux. On préfère autant que possible des sables de rivière à ceux de carrière, qui sont toujours plus ou moins terreux. Les grains de sable doivent être anguleux, c'est-à-dire rudes au toucher : le sable doit *crier* dans la main lorsqu'on le serre.

Préparation du mortier. — « Dans les petits chantiers (comme ceux des constructions rurales), le mortier se fabrique à bras à l'aide d'un *rabot*, formé d'une sorte de fer de houe ajusté à l'extrémité d'un long manche. Les ouvriers préparent généralement une aire formée de planches jointives, afin que la terre ne puisse pas se mêler au mortier pour en diminuer les qualités. Ils forment avec le sable un bourrelet circulaire et mettent dans la cuvette la quantité voulue de chaux et d'eau. Un aide fait alors le mélange avec le rabot : il pousse cet outil devant lui en tenant le fer à plat pour écraser la chaux, puis le ramène dressé afin de soulever la masse; peu à peu on ajoute le sable du bourrelet au mélange; lorsqu'il est tout étalé sur l'aire, on le relève en bas à la pelle, puis on recommence la manœuvre du rabot...

Pour les travaux soignés, il faut que la chaux soit en quantité suffisante dans le mortier pour remplir tous les vides que laissent entre eux les grains de sable. Ce vo-

(1) Les pouzzolanes, les ciments, comme les chaux hydrauliques, se fabriquent artificiellement, en faisant cuire de la craie et de l'argile, mélangées sous l'eau, en proportion voulue.

lume variable suivant la nature du sable, se détermine expérimentalement de la manière suivante : on remplit de sable sec ou caisse ou une mesure quelconque d'une capacité V connue, et l'on verse une quantité Q d'eau suffisante pour qu'elle affleure la caisse : cette quantité d'eau représente donc le volume des vides qui existent entre les grains de sable.

Le volume C de chaux se déduit en divisant par le volume V de sable le volume d'eau Q donné dans l'expérience précitée :

$$C = \frac{Q}{V}$$

Le volume des vides est environ le tiers du volume total.

Pour les sables de rivière, il est de 0,31 à 0,34;

Pour les sables fins (grains de 0,3 à 0,5 millimètres de diamètre) de 0,31 à 0,38;

Pour les sables fins tassés fortement, 0,18 à 0,22;

Pour les graviers de 1 à 1,4 millimètres de diamètre, 0,50;

Pour les graviers de 2 à 4,5 millimètres de diamètre, 0,41;

Pour les pierres cassées, 47.

Dans ces conditions, le volume du mortier est à peu près égal à celui du sable employé : le mortier est dit *gras*. Si l'on emploie moins de chaux que le volume nécessaire, le mortier est dit *maigre*.

Le *mortier de terre* est très souvent utilisé dans les constructions rurales ; il donne de bons résultats à deux conditions : 1° que les matériaux employés soient bien *gisants*, c'est-à-dire que les pierres qui entrent dans la confection des maçonneries soient en plaques ou pla quettes et aient leurs assises horizontales — en général lorsque les pierres peuvent se ranger les unes sur les autres en conservant une stabilité suffisante ; 2° que la maçonnerie, une fois le mortier sec, soit recouverte d'un enduit de mortier, de chaux ou de plâtre.

Les mortiers de terre sont encore utilisés dans les constructions des fours, foyers de chaudières fixes, etc ; ils durcissent sous l'action du feu.

Le mortier de terre se prépare avec une terre aussi argileuse que possible, malaxée au rabot de la même façon que le mortier de chaux. Dans certains pays où ce mortier est très utilisé, on le prépare en plaçant la terre sur la surface plane circulaire sur laquelle on fait piétiner les bestiaux (1). »

Plâtre. — Le plâtre est une poudre blanche obtenue par la cuisson du *gypse* ou sulfate de chaux hydraté, puis pulvérisé. Il est livré en sacs ou tonneaux.

Son caractère essentiel est de *prendre* très rapidement lorsqu'on le mélange (qu'on le *gâche*) avec un égal volume d'eau ; il forme alors un véritable mortier sans sable. Cette promptitude de solidification le rend très utile pour faire des plafonds et des enduits. Il adhère avec la plus grande facilité aux pierres de toutes sortes, aux briques, aux ferrures; mais il adhère mal sur le bois uni; aussi, a-t-on soin de larder les pièces de charpente d'entailles et de clous à tête qui retiennent l'enduit. Le plâtre augmente de volume en durcissant, tandis que la chaux se rétrécit.

Le plâtre s'altère assez vite dans les endroits humides : c'est un fait qu'on ne doit pas oublier dans les constructions, afin d'éviter l'influence de l'humidité du sol et celle des pluies.

(1) M. Ringelmann. *Construction des bâtiments ruraux*, t. I.

Additionné d'*alun*, le plâtre est susceptible de durcir davantage et de mieux résister aux intempéries de l'air; additionné de colle forte, il constitue le *stuc*, qu'on peut polir comme le marbre.

CHAPITRE XVII

ÉCURIES, BOUVERIES, ÉTABLES

Écuries : Capacité. — Dimensions. — Le cube d'air nécessaire à un cheval étant de 25 à 30 mètres, on concilie les conditions de salubrité avec celles de commodité, en accordant à chaque cheval en stalle une largeur de 1 m. 50 à 1 m. 75 et une longueur, passage compris, de 4 m. 50 à 5 mètres.

La hauteur de l'écurie doit être de 3 m. 50 à 4 mètres. Pour plusieurs chevaux attachés à la crèche, on peut sans inconvénient réduire la largeur au minimum de 1 m. 40. Pour deux rangs de chevaux avec passage au milieu, il suffit de 8 à 9 mètres.

La hauteur de la partie supérieure de la crèche au-dessus du pavé, pour les chevaux de taille moyenne, sera de 1 mètre à 1 m. 20; et de 1 m. 20 à 1 m. 30 pour les grands chevaux.

La hauteur du râtelier au-dessus de la crèche sera de 30 à 45 centimètres.

Le sol de l'écurie, bien étanche, sera légèrement incliné pour faciliter l'écoulement des urines.

La porte d'entrée doit avoir 1 m. 20 à 1 m. 40 de largeur sur 2 m. 30 à 2 m. 40 de hauteur.

Les écuries peuvent être simples, c'est-à-dire à un seul rang, comme celle dont nous donnons le plan figure 94, ou doubles, c'est-à-dire à deux rangs avec un couloir central.

L'écurie simple longitudinale est une des plus répandues.

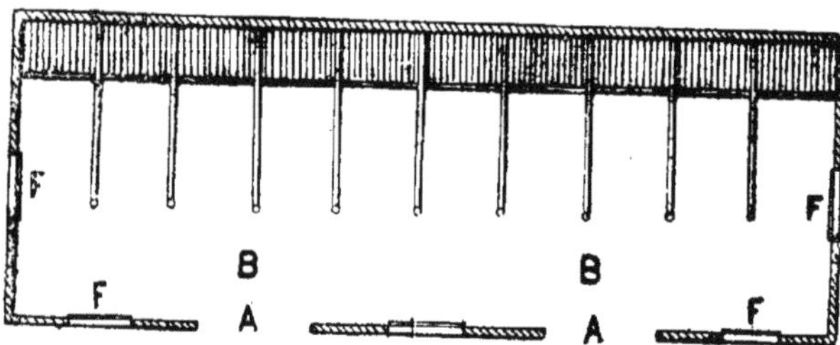

Fig. 94. — Ecurie à un rang.

Séparations. — Dans les exploitations rurales, il est inutile, comme le fait observer M. J. Buchard, de séparer les chevaux par des cloisons ou stalles ; au contraire, il est préférable de les laisser les uns à côté des autres à l'écurie afin qu'ils s'habituent à se trouver ensemble ; mais, pour éviter les coups de pied, on suspend entre chaque animal une planche ou un assemblage de deux ou trois planches, attaché par une extrémité à la mangeoire et supporté, à l'autre, par une corde suspendue à une solive du plafond. Ce système constitue un bat-flanc (fig. 95).

Étables : Capacité. Dimensions. — Le cube d'air nécessaire à une bête bovine de moyenne taille est d'environ 24 mètres. On donnera, en conséquence, à chaque tête, une largeur à la crèche de 1 m. 50 à 1 m. 75 et une longueur de 4 mètres à 4 m. 50, l'étable ayant de 3 à 4 mètres de hauteur.

Une étable à deux rangs avec les têtes contre les murs et passage au milieu pourra n'avoir que 7 m. 50 à 9 mètres de largeur ; mais si les têtes sont dirigées vers le milieu, il faudra, y compris les trois passages de 1 m. 20, au milieu et contre les murs, une largeur totale de 10 à 11 mètres.

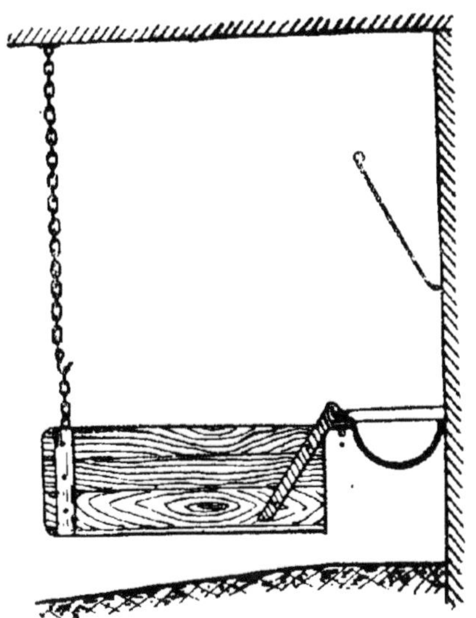

Fig. 95. — Bat-flanc.

La hauteur de la crèche au-dessus du pavé sera de 60 centimètres ; celle du râtelier au-dessus de la crèche de 30 centimètres.

Comme pour les écuries, l'inclinaison du sol sera de 2 centimètres environ par mètre.

La porte d'entrée aura environ 1 m. 40 de largeur et 2 m. 30 de hauteur.

Les boxes pour les veaux doivent avoir, par tête, une surface de 2 à 3 mètres carrés.

Séparations. — Dans quelques étables, chaque individu est isolé dans un *box* distinct établi au moyen de cloisons en planches (fig. 96).

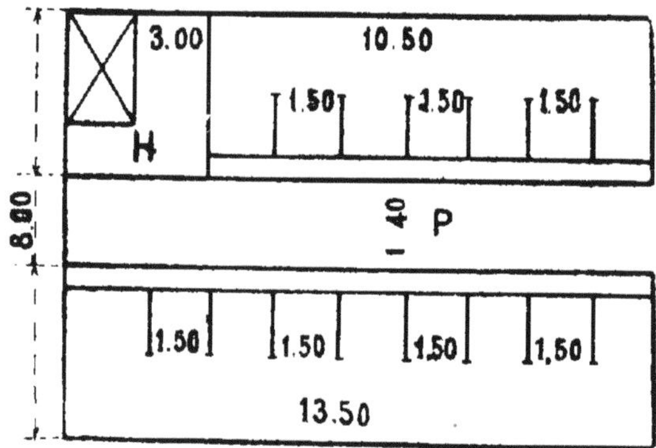

Fig. 96. — Étable double.

Fig. 97. — Vue perspective et coupe d'une étable limousine.

Une étable de travail de deux rangs, tête à tête, aura, comme le recommande M. J. A. Grandvoinet, une largeur de 9 m. 20 à 11 m. 4, avec harnais; une bouverie d'engrais ou une vacherie du même genre pourrait avoir seulement une largeur en œuvre de 8 mètres à 10 m. 20. Les dimensions indiquées sont ici aussi restreintes que possible.

A part une moindre hauteur du bord des crèches et des râteliers, les anciennes étables sont, comme les vieilles écuries, munies le long des murs de crèches en bois ou en pierre, et de râteliers en échelle inclinée au-dessus de la tête des animaux. On remplace avantageu-

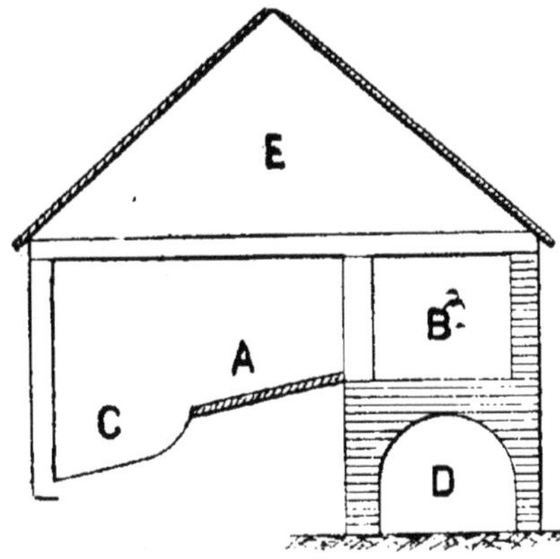

Fig. 98.

sement ces dispositions par de larges auges posées sur le sol ; elles sont séparées de l'emplacement occupé par les animaux par un grillage en bois ou une cloison pleine ; alors chaque animal doit passer sa tête au travers d'un trou, comme dans les étables limousines (fig. 97), ou entre deux barreaux comme dans les étables hollandaises, pour mettre la tête dans l'auge et y prendre un aliment.

« Lorsque l'étable est à un seul rang (fig. 98), l'auge est en B sur le côté intérieur d'un passage de service sous lequel on peut ménager une cave à racines ; en A sous les vaches, séparées du passage B par un grillage; en C, une partie creuse pour accumuler la litière à transformer en fumier; en E, un grenier. » (Grandvoinet.)

Cette disposition est connue sous le nom d'étable wurtembergeoise.

CHAPITRE XVIII

BERGERIES ET PORCHERIES

Bergeries : Capacité. Dimensions. — Il faut, par mouton, un cube d'air de 3 m. 50 et une surface de 1 mètre carré. Par agneau un cube d'air de 2 m. 7 et une

Fig. 99. — Persienne pour bergerie ouverte, vue de l'intérieur.

surface de 75 centimètres carrés. La hauteur de la bergerie sera de 3 m. 50 à 4 mètres.

La capacité qui vient d'être indiquée est en général suffisante. La ventilation se réalise au moyen de persiennes en bois, qui doivent être placées à la partie supérieure de la bergerie (fig. 99 et 100).

L'orientation de la bergerie sera choisie du nord au sud; peu importe que la façade soit d'un côté ou de l'autre.

La température moyenne de la bergerie sera comprise entre 12 et 15°.

Le sol, surélevé d'environ 30 centimètres, doit être sec, ferme, imperméable et incliné de 1 à 2 millimètres par mètre.

Les portes seront en panneaux coupés avec partie

Fig. 100. — Persienne pour bergerie fermée et vue à l'intérieur.

supérieure à claire-voie et ouvrant en dehors pour faciliter la sortie des animaux. Les moutons ont, en effet, l'habitude de s'entasser pour sortir; aussi dans certaines bergeries, le bord des portes est garni de rouleaux mobiles en bois pour qu'ils n'arrachent pas leur toison. Dans la muraille, il faut ménager des petites niches destinées à mettre une lampe, car les bergeries, surtout au moment de l'agnelage, doivent être éclairées la nuit.

Ainsi que le dit M. le docteur Pennetier, l'intérieur de la bergerie sera divisé en compartiments, pour chaque catégorie du troupeau. L'espace occupé par chaque bête est celui que nous avons indiqué plus haut.

« Les crèches sont fixes ou mobiles, simples ou doubles. Ces dernières sont disposées au centre de la bergerie qu'elles divisent en compartiments. Les crèches fixes, adossées au mur, comprennent une mangeoire ou auget en pierre ou en bois, placée à 0 m. 40 au-dessus du sol et surmontée d'un râtelier dont les barreaux sont distants de 12 centimètres. On donne à l'auge 30 centimètres de largeur sur 15 centimètres de profondeur et on laisse un espace de 20 centimètres entre le bas du râtelier et le devant de la mangeoire. M. Villeroy conseille d'attacher le râtelier à des crochets fixés dans le mur au moyen de liens en paille, de façon à pouvoir les hausser suivant la hauteur de la litière. Les mangeoires circulaires, dans lesquelles l'auget est remplacé par un plateau, sont surtout utilisées pour les agneaux. »

Porcheries. — Pour se trouver à l'aise, une truie portière doit avoir une boxe de 6 à 8 mètres carrés.

Un verrat, de 2 m. 50 à 3 mètres carrés.

Un porc à l'engrais, 1 m. 50 à 3 mètres carrés.

Pour plusieurs porcs à l'engrais réunis, il suffit de 1 m. 30 à 1 m. 40 par tête.

Pour les porcs d'un an, étant trois ou quatre ensemble, 1 mètre carré par tête suffit.

Pour les porcelets de trois à six mois, un espace de 50 à 75 centimètres carrés par tête.

La pente du sol de la porcherie doit être de 4 millimètres par mètre.

La hauteur du toit sera de 2 m. 50 à 3 mètres.

Or, dans les campagnes, il est bien rare que les prescriptions qui précèdent soient observées; le plus souvent les porcs sont logés dans des constructions mal comprises; ils manquent d'espace, d'air et de lumière et se trouvent dans de très mauvaises conditions hygiéniques.

Il faut, autant que possible, joindre aux boxes une petite cour de la même grandeur au moins ; cette cour est indispensable si les boxes ont une étendue réduite, et si les porcs ne vont pas au pâturage.

Une bonne porcherie doit être sèche, saine, propre et aérée; c'est pourquoi Viborg a dit : « De l'eau et une loge propre sont aussi nécessaires à la santé des jeunes porcs qu'une bonne nourriture. »

Cloisons. — Les cloisons qui séparent les loges sont

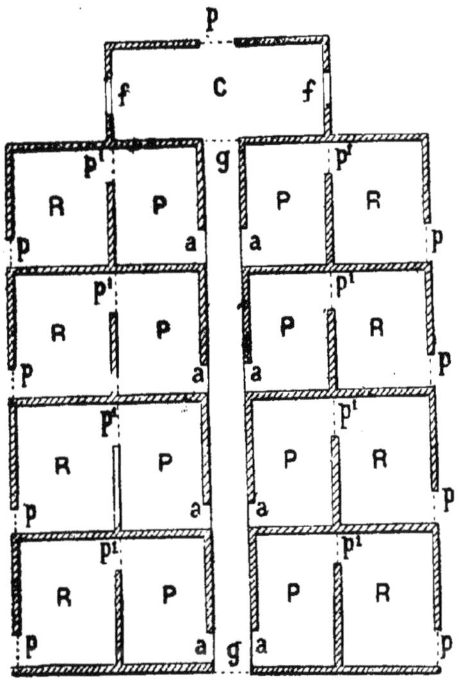

Fig. 101. — Porcherie double.

tantôt en bois, tantôt en maçonnerie, tantôt en briques jointoyées. Ces séparations, comme le recommande M. G. Heuzé, doivent être solidement établies. On leur donne ordinairement 1 m. 10 à 1 m. 20 de hauteur. Si ces cloisons avaient plus d'élévation, l'air intérieur se renouvellerait difficilement et le porcher ne pourrait surveiller aussi aisément les animaux confinés dans une suite de compartiments.

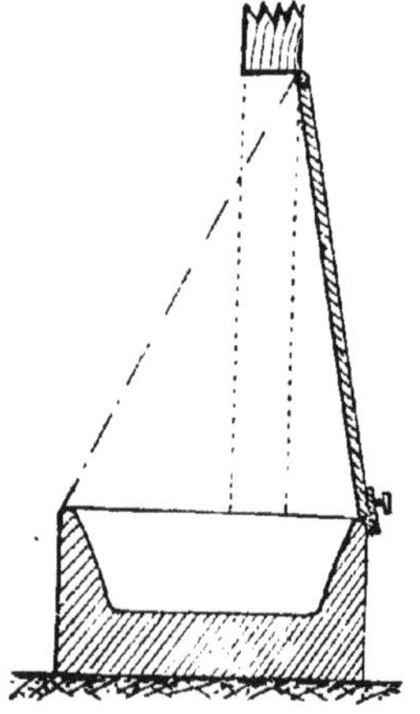

Fig. 102.

Fig. 103.

On doit amener aux porcheries quelque peu importantes une *chambre de service* ou *cuisine*, qui sert à la préparation des aliments et qui renferme généralement un fourneau et une chaudière dans laquelle on fait cuire les pommes de terre servant à l'alimentation des porcs.

La figure 101 montre le plan d'une porcherie double où cette pièce est figurée en C ; les loges sont en P; les

Fig. 104.

auges à cloison mobile, dont il est parlé plus bas, sont en A. Enfin à chaque loge est annexée une petite cour R avec une porte P communiquant avec le dehors et une porte P, communiquant avec la loge. Le couloir central est en GG.

Auges. — L'installation des auges est particulièrement importante dans les porcheries. Le plus souvent il y en a une dans la loge et une autre dans la cour.

Elles sont en pierre, en bois, en ciment ou en fonte ; celles ,en ciment, ou en pierre compacte, sont les plus recommandables. En tout cas les angles doivent être arrondis, afin d'éviter le dépôt des aliments et de faciliter les nettoyages.

La capacité de l'auge doit être de 12 à 15 litres par porc.

Il faut rejeter les systèmes d'auges mobiles (glissantes, roulantes ou tournantes) qui ne fonctionnent jamais convenablement, et employer les auges fixes, dont un côté déborde la cloison du couloir, afin qu'on puisse y verser les aliments sans avoir besoin de pénétrer dans la loge ou dans la cour.

A ce point de vue les auges à volet mobile (fig. 102) sont très recommandables. Le volet est attaché à charnière à sa partie supérieure ; on peut le fixer à volonté à l'aide d'un verrou, soit au bord antérieur de l'auge, c'est-à-dire dans le couloir, soit au bord postérieur.

En ce qui concerne le logement des petits animaux de la ferme, comme volailles, lapins et abeilles, nous renverrons au volume spécial de cette collection, traitant de ces petits animaux (1).

Nous citerons également les réservoirs (fig. 103) et abreuvoirs mobiles (fig. 104) de la maison Carpentier ; les tonneaux en fer et acier, chaudières, bacs et tous articles de chaudronnerie en général trop connus et surtout trop nombreux pour être énumérés ici.

CHAPITRE XIX

GRANGES, FUMIÈRES ET HANGARS

Granges. — L'emmagasinement des gerbes de cé-

(1) Voy. *Volailles, Lapins et Abeilles*, par Paradis et Montoux, 1 vol. *Petite Encyclopédie d'Agriculture* publiée sous la direction de M. A. Larbalétrier.

réales a un double but : mettre la récolte à l'abri des intempéries et la préserver de toutes les déprédations. Le premier but est atteint par une bonne couverture et des murs d'abri du côté des vents pluvieux. Le second but exige une clôture complète de la grange ou au moins celle de toutes ses faces extérieures. La disposition de l'ensemble d'une grange-magasin, dit M Granvoinet, doit être telle que l'emmagasinage des gerbes soit aussi facile et aussi rapide que possible. Par suite,

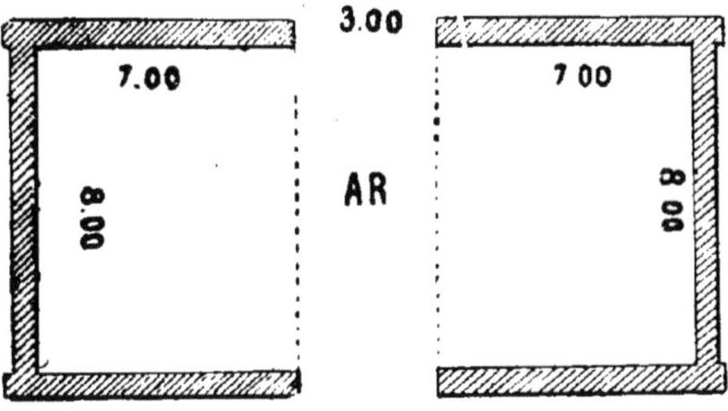

Fig. 105. — Plan d'une petite grange.

cette disposition dépend essentiellement des dimensions de la grange. Étant donné le poids des gerbes à loger, on calcule facilement la capacité utile de la grange, puisque chaque mètre cube peut contenir 100 kilogrammes environ de gerbes un peu tassées.

« Lorsque la capacité de la grange est peu considérable, sa largeur est de 6 à 8 mètres et sa longueur comprend de 3 à 5 travées de 3 m. 40 à 4 m. 25 chacune. La travée centrale (fig. 105) était autrefois laissée libre, en tout ou en partie, et servait d'*aire* à battre. L'engrangement se faisait, partie par l'aire avec les voitures et partie par les fenêtres. La généralisation de l'emploi des batteuses, même dans la petite culture, rend le plus souvent cette aire inutile aujourd'hui ; et la travée centrale se transforme, par un avant-corps, en grange à battre, renfermant la machine à battre, les tarares et divers appareils de préparation. »

Fumières. — L'emplacement où on accumule le fumier, en attendant qu'il soit conduit dans les champs, constitue la fumière.

D'après Schwertz, les conditions que doit remplir une bonne fumière sont les suivantes :

1° Ne rien laisser perdre du liquide qui suinte du fumier ;

2° Recueillir ce liquide dans un réservoir assez à portée pour qu'on puisse le reverser au besoin sur le fumier ;

3° Ne laisser couler ou tomber d'autre eau sur le fumier que la pluie reçue naturellement par sa surface ;

4° Réserver un espace assez vaste pour que le fumier ne s'amoncelle pas à une trop grande hauteur ;

5° Faire que les voitures puissent approcher facilement et qu'il ne faille pas un grand effort pour enlever les charges un peu lourdes ;

6° Les fumières doivent être placées du côté où les vents sont les plus rares. Il faut qu'elles soient éloignées des maisons d'habitation, sans être trop loin des écuries et des étables. En général, on les installe au milieu des cours ; mais il serait préférable de consacrer, derrière les bâtiments où logent les animaux, une petite cour spéciale pour les fumiers.

« La manière la plus simple d'installer une fumière est d'établir au niveau du sol une aire plus ou moins bombée ; si elles sont convexes, elles sont entourées par une rigole pour recevoir les liquides ; si elles sont concaves, elles sont traversées par un caniveau qui aboutit à la fosse à purin. On peut placer plusieurs fumières les unes à côté des autres, ce qui permet de vider l'une, pendant que les voisines continuent à se faire. Voici (fig. 106) un modèle fort simple et très avantageux. Les

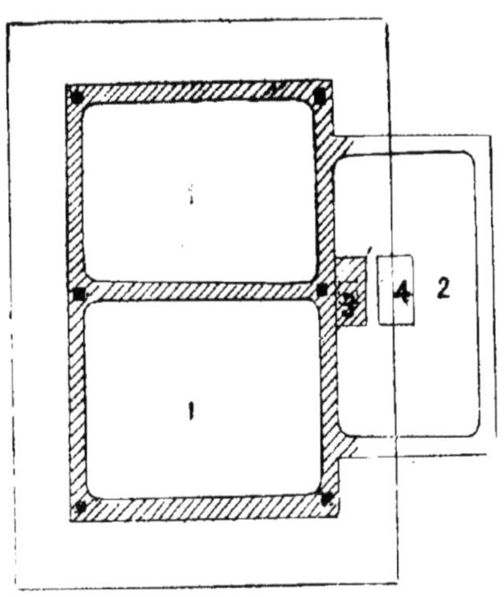

Fig. 106. — Fumière.

deux fumières I et I sont en maçonnerie ; elles offrent un plan très incliné, de manière que le purin s'écoule vers la fosse 2 ; dans la partie la plus profonde, à la limite des fumières et de la fosse, est placée une pompe à purin ; 4 est le tampon permettant d'accéder dans la fosse. » (J. BUCHARD.)

Les plates-formes à fumier sont simplement entourées d'une garniture en pierre ; citons comme exemple celle de Grignon, qui est de forme circulaire. Le fumier est disposé en pente douce sur cette plate-forme, et constitue une masse circulaire de dimensions décroissantes autour d'un trou central qui contient la pompe à purin.

Greniers à foins et à céréales. — Ils doivent avoir, selon la fertilité des terres, une capacité utile de 0 m. cube 60 à 0 m. cube 80 par are de prairie ou de céréales (60 à 80 mètres cubes par hectare), ou de 1 mètre cube par are en y comprenant les passages nécessaires et la place perdue.

Greniers à blé. — Comme le blé ne peut être entassé que sur 33 centimètres d'épaisseur pendant les premiers mois qui suivent le battage, 10 hectolitres exigeront une surface de 3 mètres carrés. On calculera, d'après cela, la surface nécessaire pour la quantité à loger, et on y ajoutera l'espace exigé par les passages, etc.

Celliers ou silos. — On calculera l'espace nécessaire pour loger les betteraves, les carottes, les rutabagas, les pommes de terre et les topinambours, sur le pied de 500 à 600 kilogrammes au mètre cube.

Hangars. — Les hangars sont des constructions destinées à servir d'abri au matériel de la ferme. En général, ils sont formés par trois murs, un principal et deux latéraux, supportant le toit, la façade se trouvant complètement ouverte.

Quelquefois, ils se réduisent à un simple toit supporté par des poteaux; dans ce cas, il convient de mettre un bordage en bois du côté des vents régnants ou d'établir un abri avec des arbres. « De toute façon, dit M. J. Danguy, la façade doit être opposée à ces vents, de manière à ce que le matériel soit protégé contre la pluie ou la neige; on trouve cependant des hangars, ceux situés dans la cour même de la ferme, ouverts sur troïs côtés, afin d'avoir plus de facilité pour ranger les véhicules ou les instruments. Les dimensions de ces constructions dépendent du matériel à loger. La profondeur peut varier entre 4 et 6 mètres, et si elles sont divisées par travées, celles-ci peuvent avoir 5 mètres, de manière à permettre de loger deux voitures vides par travée. Au point de vue de la hauteur, 3 mètres suffisent pour les voitures vides; autrement il faut donner plus de hauteur, ce qui est du reste une bonne précaution, car on peut alors abriter des voitures chargées que le temps ou les circonstances n'ont pu permettre de décharger. Si l'on n'a à ranger que du matériel, celui que souvent on laisse à tort dans les champs, comme les charrues, herses, etc., les dimensions peuvent être quelconques.

« Une disposition recommandable est de ménager, dans un coin du hangar, un petit magasin clos dans lequel on range les outils et les pièces de rechange. » (J. DANGUY).

Voici, d'après M. Ringelmann, quelques données relatives aux surfaces occupées par certaines machines :

	En mètres.		
	Longueur,	Largeur,	Surface. (m. carrés)
Chariots, tombereaux . . .	2 à 5	2	8 à 1
Charrue	3	1	3
Scarificateur, cultivateur, extirpateur	2	2	4
Herses	1.50	3	4.50
Rouleau, avec flèche. . . .	3	2	6
Semoir à lignes, avec avant-train	3	2.50	7.50
Faucheuse.	4	1.58	6
Batteuse	5	3	15

Constructions démontables. — La question des constructions rurales est une question complexe. Toujours l'édification des bâtiments ruraux est une entreprise coûteuse et c'est en quelque sorte un mal nécessaire. Dans ces dernières années, on a cherché à simplifier le problème, au moyen des constructions métalliques démontables, d'un poids et d'un volume très réduits.

Surtout appliquées aux abris et hangars, ces constructions démontables, notamment celles du système Espi-

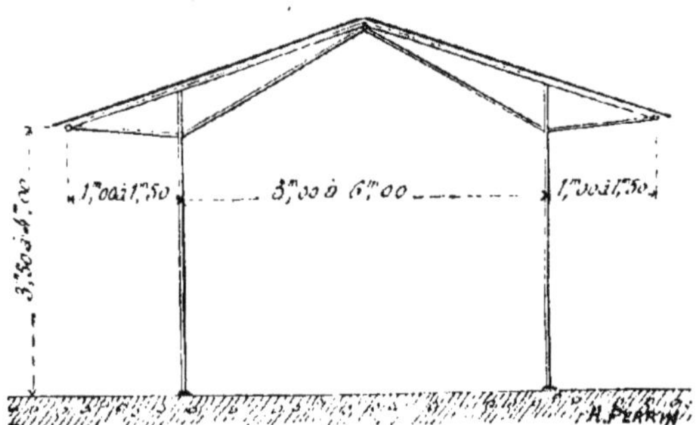

Fig. 107. — Hangar léger démontable.

tallier, ont le grand avantage de pouvoir être installées en peu de temps et de pouvoir être changées d'emplacement quand il en est besoin, ce qui n'est pas un de leurs moindres avantages.

En outre, lesdits hangars, munis de mangeoires, s'emploient comme écuries et bergeries.

La figure 107 montre un de ces types de hangar léger démontable à auvents.

Les divers tubes formant l'ossature sont reliés entre eux par des pièces spéciales en acier coulé d'une grande résistance, et qui servent tant à obtenir un montage rapide et facile qu'à assurer une liaison parfaite des éléments et à donner une solidité complète à l'ensemble.

La figure 108 représente un type de hangar léger démontable à doubles montants, où l'avant-toit est pro-

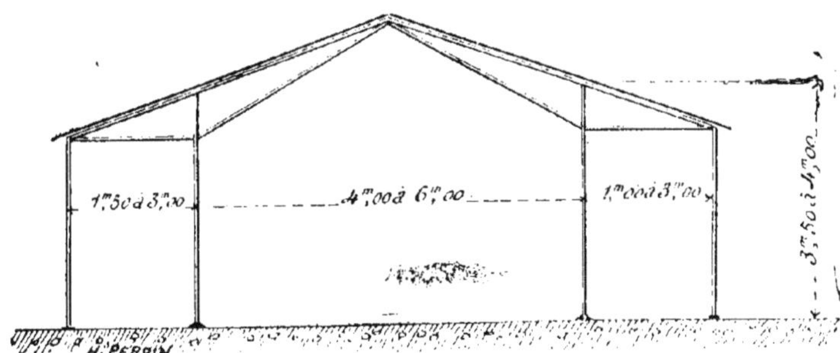

Fig. 108. — Hangar à double montants.

longé, soutenu par une contre-fiche et par un montant supplémentaire.

Enfin la figure 109 montre un abri-écurie dock démontables, comprenant charpente en tube de fer, toiture tôle

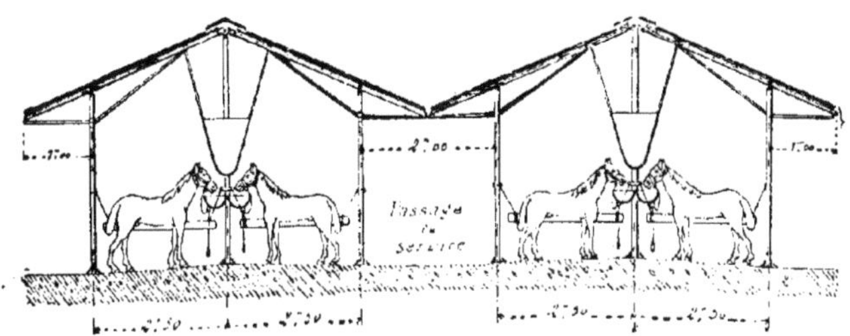

Fig. 109. — Abri-écurie démontable.

ondulée galvanisée, mangeoires doubles en tôle galvanisée avec anneaux tous les 1 mètre 50 avec bat-flancs en bois à chaînes.

Signalons encore un ingénieux système de construction en fer, dû à M. Michaux, pouvant servir à la fois d'étable, de hangar et d'abri pour instruments agricoles ou fourrages, de grange, etc. (fig. 110).

Pour l'étable, cette construction offre cette particularité qu'une allée transversale séparant les bestiaux installés face à face amène leur nourriture au moyen d'un wagonnet roulant sur rails et la leur déverse dans leur mangeoire. Les cloisons une fois enlevées, c'est aussi

Fig. 110. — Châlet démontable.

bien un abri quelconque pour tous les besoins de l'agriculture.

Nous croyons qu'il est inutile d'insister sur tous les avantages que présentent ces constructions démontables, économiques et hygiéniques. Remarquons, simplement, que ce système de construction permet d'éviter toutes fondations en maçonnerie. Il n'y a donc aucun travail préparatoire de fondation à faire, et pour le montage, il suffit simplement de piqueter le terrain et de forer des trous aux emplacements des montants.

Ce montage est très simple et ne nécessite ni outils spéciaux, ni chèvres; rien qu'avec le secours d'échelles doubles, trois ouvriers peuvent monter et couvrir 200 mètres de hangar en 10 heures.

Les toitures sont faites en panneaux de tôle ondulée

(fig. 111) galvanisée; très légères et très solides. Les feuilles de tôle sont reliées aux pannes de toiture par des crochets filetés qui enserrent celles-ci et qui sont fixés au-dessus de la tôle par des écrous et un jeu de ron-

Fig. 111. — Tôle ondulée.

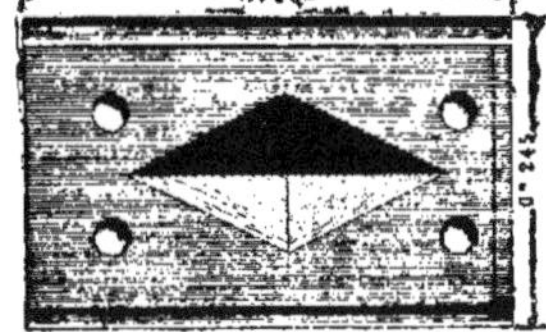

Fig. 112. — Ecrou spécial.

delles plastiques. Ce mode d'attache donne une étanchéité absolue à la toiture (fig. 112) et permet de solidariser celle-ci à la charpente, le tout formant un ensemble rigide et d'une résistance absolue aux ouragans les plus violents.

FIN

TABLE DES MATIÈRES

PREMIÈRE PARTIE

MACHINES AGRICOLES

I. Instruments d'extérieur de ferme.

II. Instruments d'intérieur de ferme.

DEUXIÈME PARTIE

CONSTRUCTIONS RURALES

www.ingramcontent.com/pod-product-compliance
Ingram Content Group UK Ltd.
Pitfield, Milton Keynes, MK11 3LW, UK
UKHW022110260726
13993UKWH00001B/432

9 782329 305554